广西职业教育食品加工技术专业及专业群建设研究基地成果

新型活页式高等职业院校教材

食品感官与理化检验技术

陈智理　主　编

覃海元　赵永锋　副主编

中国农业大学出版社

·北京·

内 容 简 介

本教材为新型活页式高等职业院校教材,由四个模块组成。模块1"食品检验准备",包括:"食品检验室认知""认知食品检验人员职业道德要求""认知相关法律法规""食品检验的抽样和数据处理";模块2"食品感官与物理检验",包括:"食品感官检验""食品标签检验""食品相对密度的测定""食品折光率的测定""食品色泽的测定";模块3"食品一般成分检验",包括:"分析用试剂和样品溶液的制备""食品中水分的测定""食品中灰分的测定""食品pH和电导率的测定""食品中总酸含量的测定""食品中脂肪的测定""食品中还原糖的测定""食品中蔗糖的测定""食品中蛋白质和氨基酸态氮的测定";模块4"食品添加剂的检验",包括:"食品中苯甲酸和山梨酸的测定""食品中亚硝酸盐和硝酸盐的测定""食品中二氧化硫的测定"。每个项目由若干个任务组成。本教材适合高职高专食品类相关专业学生使用,也可作为食品企业在职人员的培训教材及从事食品企业生产、食品质量监督与检验技术人员用书。

图书在版编目(CIP)数据

食品感官与理化检验技术 / 陈智理主编. —北京:中国农业大学出版社,2020.6
ISBN 978-7-5655-2370-0

Ⅰ.①食… Ⅱ.①陈… Ⅲ.①食品感官评价-高等职业教育-教材②食品检验-高等职业教育-教材 Ⅳ.①TS207.3

中国版本图书馆 CIP 数据核字(2020)第 111173 号

书　　名	食品感官与理化检验技术		
作　　者	陈智理　主编		
策划编辑	司建新	**责任编辑**	司建新
封面设计	郑　川		
出版发行	中国农业大学出版社		
社　　址	北京市海淀区圆明园西路 2 号	**邮政编码**	100193
电　　话	发行部 010-62733489,1190		
	编辑部 010-62732617,2618	出版部 010-62733440	
网　　址	http://www.caupress.cn	**E-mail**	cbsszs @ cau.edu.cn
经　　销	新华书店		
印　　刷	涿州市星河印刷有限公司		
版　　次	2020 年 6 月第 1 版　　2020 年 6 月第 1 次印刷		
规　　格	787×1 092　　16 开本　　14 印张　　350 千字		
定　　价	44.00 元		

图书如有质量问题本社发行部负责调换

P 前 言
PREFACE

　　本教材为新型活页式教材,由四个模块组成。模块1"食品检验准备",包括项目1-1"食品检验室认知"、项目1-2"认知食品检验人员职业道德要求"、项目1-3"认知相关法律法规"、项目1-4"食品检验的抽样和数据处理";模块2"食品感官与物理检验",包括项目2-1"食品感官检验"、项目2-2"食品标签检验"、项目2-3"食品相对密度的测定"、项目2-4"食品折光率的测定"、项目2-5"食品色泽的测定";模块3"食品一般成分检验",包括项目3-1"分析用试剂和样品溶液的制备"、项目3-2"食品中水分的测定"、项目3-3"食品中灰分的测定"、项目3-4"食品 pH 和电导率的测定"、项目3-5"食品中总酸含量的测定"、项目3-6"食品中脂肪的测定"、项目3-7"食品中还原糖的测定"、项目3-8"食品中蔗糖的测定"、项目3-9"食品中蛋白质和氨基酸态氮的测定";模块4"食品添加剂的检验",包括项目4-1"食品中苯甲酸和山梨酸的测定"、项目4-2"食品中亚硝酸盐和硝酸盐的测定"、项目4-3"食品中二氧化硫的测定"。每个项目由若干个任务组成。

　　本教材适合高职高专食品类相关专业学生使用,不同专业可以根据教学需要选择不同的模块和项目;也可作为食品企业在职人员的培训教材及从事食品企业生产、食品质量监督与检验技术人员用书。

　　本教材由广西农业职业技术学院陈智理主编,广西农业职业技术学院覃海元和南宁海关技术中心赵永峰任副主编,皇氏集团华南乳品有限公司农素贞和广西伊利冷冻食品有限公司唐丽冬参编。具体编写分工如下:陈智理编写模块3和模块4,覃海元编写模块2的项目2-3、项目2-4和项目2-5,赵永峰编写模块1的项目1-1、项目1-3和项目1-4,农素贞编写模块2的项目2-1和项目2-2,唐丽冬编写模块1的项目1-2,全书由陈智理统稿。

　　本教材在编写过程中借鉴了部分食品安全标准和兄弟院校出版的教材,在此致谢!由于编写时间仓促和编者水平有限,书中难免有疏漏或不妥之处,恳请广大读者指正,以便及时修订。

编者

2020 年 3 月

C目录
CONTENTS

目录

食品感官与理化检验技术

模块 1　食品检验准备

学习目标

1. 认知食品检验的种类、作用与检验标准；

2. 认知食品检验实验室的要求；

3. 能够使用食品检验常用的仪器和设备；

4. 能正确记录、计算和报告检验结果。

思政目标

1. 培养学生的家国情怀、民族精神和时代精神；

2. 培养学生爱岗敬业的职业素养；

3. 树立"四个最严"的食品安全观；

4. 树立自觉遵守法律法规和标准的意识。

想一想

1. 检验与检测的含义一样吗？
2. 企业质量检验有哪些类型？
3. 毕业后在检验工作岗位,是依据教材还是其他资料实施检验？

读一读

前导知识

➤ 一、检验的定义

检验就是通过观察和判断,适当时结合测量、试验所进行的符合性评价。

检验与验证、试验的关系:验证指通过提供客观证据对规定要求已达到满足的认定。试验指按照程序确定一个或多个特性。从内涵的范围来看,验证＞检验＞试验。"验证"要表明是否能满足规定的要求,是对"检验"这一活动的认定。对于采购回来的物料一定要进行"验证",但不一定要进行"检验"或"试验"。验证的方法有多种多样,如检查、核对客观证据(如检查有无合格证,核对供应商提供的检验数据等)。

➤ 二、检验的作用

(一)评价(鉴别)作用

企业的质量检验机构根据技术标准、合同、法规等依据,对产品质量形成的各阶段进行检验,并将检验结果与标准比较,做出符合或不符合标准的判断,或对产品质量水平进行评价。不进行鉴别就不能确定产品的质量状况,也就难以实现质量"把关"。鉴别主要由专职检验人员完成。

(二)把关作用

检验人员通过对原材料、外购件、外协件和成品的检验和试验,将不合格品分选或剔出,严格把住每个环节的质量关,做到不合格的原材料、外购件、外协件不进厂,不合格的半成品不转序,不合格的产品(成品)不出厂。这是质量检验最重要、最基本的职能和作用。

(三)预防作用

检验的预防作用表现在通过抽样检验,进行过程能力分析和控制图判断过程状态,从而预防不合格品的出现。另外,检验人员通过进货检验、首件检验、巡回检验及抽样检验等,及早发现不合格品,防止不合格品进入工序加工和大批量的产品不合格,避免造成更大的损失。

(四)报告作用

通过各阶段的检验和试验,记录和汇集了产品质量的各种数据,这些质量记录是证实产品符合性及质量管理体系有效运行的重要证据。此外,当产品质量发生变异时,这些检验记录能及时向有关部门及领导报告,起到重要信息反馈作用。

三、检验的步骤

检验流程如图 1-0-1 所示。

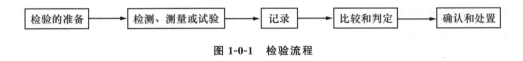

图 1-0-1 检验流程

(一)检验的准备

检验的准备主要包括熟悉规定要求,确定检验方法,制定检验规范。首先要熟悉检验标准和技术文件规定的质量特性和具体内容,确定测量的项目和量值。为此,有时需要将质量特性转化为可直接测量的物理量;有时需要采取间接测量方法,经换算后才能得到检验需要的量值;有时则需要有标准实物样品(样板)作为比较测量的依据。其次要确定检验方法,选择精密度、准确度适合检验要求的计量器具和测试、试验及理化分析用的仪器设备。确定测量、试验的条件,确定检验实物的数量,对批量产品还需要确定批的抽样方案。最后要将确定的检验方法和方案用技术文件形式做出书面规定,制定规范化的检验规程(细则)、检验指导书,或绘成图表形式的检验流程卡、工序检验卡等。在检验的准备阶段,必要时要对检验人员进行相关知识和技能的培训和考核,确认能否适应检验工作的需要。检验的准备可通过编制检验计划的形式来实现。

(二)检测、测量或试验

按已确定的检验方法和方案,对产品的一项或多项质量特性进行定量或定性的观察、测量、试验(检测),得到需要的量值和结果。测量首先应保证所用的测量装置或理化分析仪器处于受控状态。

(三)记录

把所测量的有关数据,按规定的格式和要求认真做好记录。质量检验记录按质量体系文件规定的要求控制。质量检验记录是证实产品质量的证据,因此数据要客观、真实,字迹要清晰、整齐,不能随意涂改,需要更改的要按规定程序和要求办理。质量检验记录不仅要记录检验数据,还要记录检验日期、班次,由检验人员签名,以便于质量追溯,明确质量责任。

(四)比较和判定

比较就是由专职人员将检验的结果与规定要求进行对照比较,确定每一项质量特性是否符合规定要求,从而判定被检验的产品是否合格。但有关检验结果的正式判定应由经授权的责任人员做出,特别是涉及重要的或成本高昂的产品。

(五)确认和处置

有关人员对检验的记录和判定的结果进行签字确认,对产品做出处置:①对单件产品,合格的转入下道工序或入库;不合格地作适用性判断或经返工、返修、降等级、报废等方式处理;②对批量产品,根据检验结果,分别做出接收、拒收或复检处理。

四、检验的几种形式

(一)查验原始质量凭证

在供货方质量稳定、有充分信誉的条件下,质量检验往往采取查验原始质量凭证(如质量证明书、合格证、检验或试验报告等)以认定其质量状况。

(二)实物检验

对产品最终性能、食品安全性有决定性影响的物料和质量特性,必须进行实物质量检验。由本单位专职检验人员或委托外部检验单位按规定的程序和要求进行检验。

(三)派员进厂(驻厂)验收

采购方派员到供货方对其产品、产品的形成过程和质量控制进行现场查验,认定供货方产品生产过程质量受控,产品合格,给予认可接受。

五、检验的分类

检验方式可按不同的方法进行分类(见表1-0-1)。

(一)按生产过程的顺序分类

1.进货检验

食品企业生产所需的原料、配料、包装材料等多由其他企业生产。进货检验是企业对所采购的原材料及半成品等在入库之前所进行的检验。其目的是防止不合格品进入仓库,防止由于使用不合格品而影响产品质量,打乱正常的生产秩序。这对于把好质量关,减少企业不必要的经济损失是至关重要的。进货检验应由企业专职检验员,严格按照技术文件认真检验。进货检验包括首件(批)样品进货检验和成批进货检验。

(1)首件(批)样品进货检验:对首件(批)进货样品,按程序文件、检验规程以及该产品的规格要求或特殊要求进行全面检验或全数检验或某项质量特性的试验;详细记录检测和试验数据,以便分析首件(批)样品的符合性质量及缺陷,并预测今后可能产生的缺陷,及时与供方沟通进行改进或提高。在首次交货、供方产品设计上有较大的变更、产品（供货）的制造工艺有了较大的改变、供货停产较长时间后恢复生产、需方质量要求有了改变等情况下应进行首件（批）样品的进货检验。

表 1-0-1　检验的分类

分类方法	检验方式		分类方法	检验方式
一、按生产过程的顺序分类	1.进货检验	首件（批）样品进货检验	六、按供需关系分类	1.第一方检验
		成批进货检验		2.第二方检验
	2.过程检验	首件检验		3.第三方检验
		巡回检验	七、按检验人员分类	1.自检
		在线检验		2.互检
		完工检验		3.专检
	3.最终检验	成品（入库）检验	八、按检验周期分类	1.逐批检验
		型式检验		2.周期检验
		出厂检验		
二、按被检验产品的数量分类	1.全数检验		九、按检验的效果分类	1.判定性检验
	2.抽样检验			2.信息性检验
	3.免验			3.寻因性检验
三、按质量特性的数据性质分类	1.计量值检验		十、按检验项目性质分类	1.常规检验
	2.计数值检验			2.非常规检验
四、按检验后样品的状况分类	1.破坏性检验		十一、按检验地点分类	1.固定场所检验
	2.非破坏性检验			2.流动检验
五、按检验目的的分类	1.生产检验		十二、按检验方法分类	1.感官检验
	2.验收检验			2.物理检验
	3.监督检验			3.化学检验
	4.验证检验			4.微生物检验
	5.仲裁检验			

（2）成批进货检验：按入厂原材料、半成品对产品质量的影响程度分为 A、B、C 三类，实施 A、B、C 管理法。A 类是关键件，必检；B 类是重要件，抽检；C 类是一般件，对产品型号规格、合格标志等进行验证。通过 A、B、C 分类检验，可使检验工作分清主次，集中主要力量检测关键件和重要件，确保进货质量。

　2.过程检验

　　过程检验也称工序检验，是在产品形成过程中对各加工工序之间进行的检验。其目的在于保证各工序的不合格半成品不得流入下道工序，防止对不合格半成品的继续加工和成批半成品不合格，确保正常的生产秩序。由于过程检验是按生产工艺流程和操作规程进行检验，因而起到验证工艺和保证工艺规程贯彻执行的作用。过程检验一般由生产部门和质检部门分工协作共同完成。过程检验根据过程的各阶段又可分为首件检验、巡回检验、在线检验和完工检验。

（1）首件检验：是对加工的第一件产品进行的检验；或对在生产开始时（上班或换班）或工序因素调整（调整工装、设备、工艺）后前几件产品进行检验，其目的是及早发现过程中影响产品质量的系统因素，防止产品成批报废。

（2）巡回检验：是指检验员在生产现场按一定的时间间隔对有关工序的产品和生产条件进行的监督检验。巡回检验不仅要抽检产品，还需检查影响产品质量的生产因素（5M1E，即人、机、料、法、测、环）。巡回检验的重点是关键工序。

（3）在线检验：是在流水线生产中，完成每道或数道工序后所进行的检验。一般要在流水线中设置几个检验工序，由生产部门或品质部门派员在此进行在线检验。

（4）完工检验：是对一批加工完的半成品进行全面的检验。完工检验的工作内容包括验证前面各工序的检验是否完成，检验结果是否符合要求，即对前面所有的检验数据进行复核。目的是发现和剔除不合格品，使合格品继续转入下道工序或进入半成品库。

3.最终检验

最终检验是完工后的产品在入库前或发到用户手中之前进行的一次全面检验，这是最关键的检验。因此必须根据合同规定（如有的话）及有关技术标准或技术要求，对产品实施最终检验。最终检验的目的在于保证不合格产品不出厂。最终检验不仅要管好出厂前的检验，而且还应对在此之前进行的进货检验、过程检验是否都符合要求进行核对。只有所有规定的进货检验、过程检验都已完成，各项检验结果满足规定要求后，才能进行最终检验。最终检验的形式一般有：成品（入库）检验、型式检验和出厂检验。

（1）成品（入库）检验：是在生产结束后产品入库前对产品进行的常规检验。食品的入库检验项目为常规检验项目，如感官指标、部分理化指标、非致病性微生物指标、包装等。

（2）型式检验：检验项目包括该产品标准对产品的全部要求，即包括常规检验项目和非常规检验项目。由于非常规检验（农药兽药残留、重金属、致病菌等）大多历时长、耗费大，故不可能每批入库（或出厂）时都做。一般情况下，每个生产季度应进行一次型式检验。有下列情况之一者，也应进行型式检验：①新产品或老产品转厂生产时；②长期停产，恢复生产时；③正式生产后，当主要原辅材料、配方、工艺和关键生产设备有较大改变，可能影响产品质量时；④国家质量监督机构提出进行型式检验要求时；⑤出厂检验结果与上次型式检验有较大差异时。

（3）出厂检验：或称交收检验，是指在将仓库中的产品送交客户前进行的检验。虽然产品入库前已经进行了严格的检验，但由于食品有保质期，所以出厂检验是必要的。出厂检验的项目可以同入库检验一样，也可以从入库检验的项目中选择一部分进行。但要注意，只有型式检验在有效期内，出厂检验合格的产品，才能判定它符合质量要求。

（二）按被检验产品的数量分类

1.全数检验

全数检验也称为百分之百检验，是对所提交检验的全部产品逐件按规定的标准全数检验。全数检验在以下情况进行：①价值高但检验费用不高的产品；②生产批量不大，质量又无可靠措施保证的产品；③手工操作比重大、质量不稳定的加工工序所生产的产品；④抽样方案判为不合格批需全数重检筛选的产品。

应注意，即使全数检验由于错验和漏验也不能保证百分之百合格。如果希望得到的产品百分之百都是合格产品，则必须重复多次全数检验才能接近百分之百合格。

2.抽样检验

抽样检验是按预先确定的抽样方案，从交验批中抽取规定数量的样品构成一个样本，通过对样本的检验推断批合格或批不合格。

抽样检验适用于以下情况：①生产批量大、自动化程度高，产品质量比较稳定的情况；②带有破坏性检验项目的产品；③产品价值不高但检验费用较高时；④某些生产效率高、检验时间长的产品；⑤外协件、外购件大量进货时。

抽样检验方案的确定依据不同时，又可分为统计抽样检验和非统计抽样检验。非统计抽样检验(如百分比抽样检验)的方案不是由统计技术决定的，其对交验批的接收概率不只受批质量水平的影响，还受到批量大小的影响，是不科学、不合理的抽样检验，应予以淘汰。

3.免检

免检是对符合规定条件的产品免于质量监督检查的活动。对产品质量长期稳定、市场占有率高、企业标准达到或严于国家有关标准的，以及国家或省、自治区、直辖市质量技术监督部门连续 3 次以上抽查合格的产品，可确定为免检产品。注意，我国食品安全法规定，食品安全监督部门对食品不得实施免检。

(三)按质量特性的数据性质分类

1.计量值检验

计量值检验需要测量和记录质量特性的具体数值，取得计量值数据，并根据数据值与标准对比，判断产品是否合格。计量值检验所取得的质量数据，可应用直方图、控制图等统计方法进行质量分析，以获得较多的质量信息。

2.计数值检验

所获得的质量数据为合格品数、不合格品数等计数值数据，而不能取得质量特性的具体数值。

(四)按检验后样品的状况分类

1.破坏性检验

破坏性检验指只有将被检验的样品破坏以后才能取得检验结果的检验，如食品化学检验等。

2.非破坏性检验

非破坏性检验是指检验过程中产品不受到破坏，产品质量不发生实质性变化的检验，如食品重量的测量等检验。现在由于无损探伤技术的发展，非破坏性检验的范围在逐渐扩大。

(五)按检验目的分类

1.生产检验

生产检验是指生产企业在产品形成的整个生产过程中各个阶段所进行的检验。生产检验的目的在于保证生产企业所生产的产品质量。食品的出厂检验(或称交收检验)就属于生产检验。生产检验执行内控标准。

2.验收检验

验收检验是顾客(需方)对生产企业(供方)提供的产品所进行的检验。验收检验的目的是顾客保证验收产品的质量。验收检验执行验收标准。

3.监督检验

监督检验指经各级政府主管部门所授权的独立检验机构,按质量监督管理部门制订的计划,从市场抽取商品或直接从生产企业抽取产品所进行的市场抽查监督检验。监督检验的目的是对投入市场的产品质量进行宏观控制。

4.验证检验

验证检验是指各级政府主管部门所授权的独立检验机构,从企业生产的产品中抽取样品,通过检验验证企业所生产的产品是否符合所执行的质量标准要求的检验。如产品质量认证中的型式试验就属于验证检验。

5.仲裁检验

仲裁检验指当供需双方因产品质量发生争议时,由各级政府主管部门所授权的独立检验机构抽取样品进行检验,提供仲裁机构作为裁决的技术依据。

(六)按供需关系分类

1.第一方检验

生产方(供方)称为第一方。第一方检验指生产企业自己对自己所生产的产品进行的检验。第一方检验实际就是生产检验。

2.第二方检验

使用方(顾客、需方)称为第二方。需方对采购的产品或原材料、外购件、外协件及配套产品等所进行的检验称为第二方检验。第二方检验实际就是进货检验(买入检验)和验收检验。

3.第三方检验

由各级政府主管部门所授权的独立检验机构称为公正的第三方。第三方检验包括监督检验、验证检验、仲裁检验等。

(七)按检验人员分类

1.自检

自检是指由操作工人自己对自己所加工的产品所进行的检验。自检的目的是操作者通过检验了解被加工产品的质量状况,以便不断调整生产过程,生产出完全符合质量要求的产品。

2.互检

互检是由同工种或上下道工序的操作者相互检验所加工的产品。互检的目的在于通过检验及时发现不符合工艺规程规定的质量问题,以便及时采取纠正措施,从而保证加工产品的质量。

3.专检

专检是指由企业质量检验机构直接领导,专职从事质量检验的人员所进行的检验。

(八)按检验周期分类

1.逐批检验

逐批检验是指对生产过程所产生的每一批产品,逐批进行的检验。逐批检验的目的在于判断批产品的合格与否。

2.周期检验

周期检验是从逐批检验合格的某批或若干批中按确定的时间间隔(季或月)所进行的检验。周期检验的目的在于判断周期内的生产过程是否稳定。

周期检验和逐批检验构成企业的完整检验体系。周期检验是为了判定生产过程中系统因素作用的检验,而逐批检验是为了判定随机因素作用的检验。二者构成投产和维持生产的完整的检验体系。周期检验是逐批检验的前提,没有周期检验或周期检验不合格的生产系统不存在逐批检验;逐批检验是周期检验的补充,逐批检验是在经周期检验杜绝系统因素作用的基础上而进行的控制随机因素作用的检验。

(九)按检验的效果分类

1.判定性检验

判定性检验是依据产品的质量标准,通过检验判断产品合格与否的符合性判断。判定性检验的主要职能是把关,其预防职能的体现是非常微弱的。

2.信息性检验

信息性检验是利用检验所获得的信息进行质量控制的一种现代检验方法。因为信息性检验既是检验又是质量控制,所以具有很强的预防功能。

3.寻因性检验

寻因性检验是在产品的设计阶段,通过充分的预测,寻找可能产生不合格的原因(寻因),有针对性地设计和制造防差错装置,用于产品的生产制造过程,杜绝不合格品的产生。寻因性检验具有很强的预防功能。

(十)按检验项目性质分类

1.常规检验

常规检验指每批产品必须进行的检验,如感官指标、净含量、部分理化指标、非致病性微生物指标、包装等。

2.非常规检验

非常规检验指非逐批进行的检验,如农药兽药残留、重金属、致病菌等。

◆ 六、食品检验标准

(一)标准的概念

标准是为了在一定范围内获得最佳秩序,经协商一致确立并由公认机关批准,为活动或结果提供规则、指南和特性,供共同使用和重复使用的文件。(摘自国家标准 GB/T 20000.1—2014《标准化工作指南　第1部分:标准化和相关活动的通用术语》)

(二)标准的分类

(1)按照其发生作用的有效范围划分(层级分类法),世界范围的标准分为国际标准、区域性或国家集团标准、各个国家的国家标准。

(2)按照标准适用范围的不同,我国将标准分为四级,见表 1-0-2。

表 1-0-2　标准按适用范围分类

标准等级	适用范围	制定、批准、备案
国家标准	全国	国家的官方标准化机构或国家政府授权的有关机构
行业标准	各行业	国务院有关行政主管部门制定,国务院标准化行政主管部门备案
地方标准	某个省、自治区、直辖市	省、自治区、直辖市标准化行政主管部门制定,报国务院标准化行政主管部门和国务院有关行政主管部门备案
企业标准	企业内部	企业自行制定,到省级卫生行政主管部门备案

(3)按照标准的性质,标准分为强制性和推荐性两种,见表 1-0-3。

表 1-0-3　标准按性质分类

标准名称	代码	定义
强制性	GB	具有法律属性,在一定范围内通过法律、行政法规等强制手段加以实施
推荐性	GB/T	自愿采用,但企业一旦声称采用,对企业则是强制性的

(三)食品检验常用标准

目前,食品检验中常用的标准有 GB 7718—2011《食品安全国家标准　预包装食品标签通则》、GB 4789.1—2016～GB 4789.43—2016《食品安全国家标准　食品微生物学检验》、GB 5009 系列《食品安全国家标准　食品理化检验》、GB 2760—2014《食品安全国家标准食品添加剂使用标准》等。

项目 1-1 食品检验室认知

想一想

1.到企业报到后,经理让我筹建食品微生物检验室,我该如何入手?

2.检验过程中经常接触有毒有害物质,我该如何保护自己?

读一读

一、理化检验室基本要求

(一)设施和环境条件

1.设施配置

(1)实验室应有与检测工作相适应的基本设施,如水源和下水道、足够容量的电力、照明、电源稳压系统、必要的停电保护装置或备用电力系统、温度控制、湿度控制、必要的通讯网络系统、自然通风和排风、防尘、冷藏和冷冻等设施,应保证检测场所的照明、通风、控温、防震等功能的正常使用。

(2)实验室应配备处理紧急事故的装置、器材和物品,如烟雾自动报警器、喷淋装置、灭火器材、防护用具、意外伤害所需药品等。

2.环境条件

(1)仪器分析室的环境条件应满足仪器正常工作的需要,在环境有温湿度控制要求的仪器室应进行温湿度记录。

(2)进行感官评定和物理性能项目检测的场所、化学分析场所和试样制备及前处理场所应具备良好采光、有效通风和适宜的室内温度,应采取措施防止因溅出物、挥发物引起的交叉污染。

(3)天平室应防震、防尘、防潮,保持洁净。

（4）放置烘箱、高温电阻炉等热源设备的房间应具备良好的换气和通风设施。

（5）试剂、标准品、样品存放区域应符合其规定的保存条件，冷冻、冷藏区域应进行温度监控并做好记录。

（6）当需要在实验室外部场所进行取样或测试时，要特别注意工作环境条件，并做好现场记录。

（7）相关的规范、方法和程序对环境条件有要求，或环境条件对检测结果的质量有影响时，应监测、控制和记录环境条件。

3.区域隔离和准入

（1）实验区与非实验区应分离，实验区应有明显标识。

（2）实验区域可按工作内容和仪器类别进行有效隔离，如制样室、样品室、热源室、天平室、感官评定室、化学（物理）分析室、仪器分析室、标准品存放区域、试剂存放区域、高压气瓶放置区域、器皿洗涤区域等。常量分析与药物残留分析应在物理空间上相对隔离，有机分析室与无机分析室应相对隔离。

（3）非本实验室人员未经许可不准进入工作区域，工作区域的入口处应有不准随意进入的明显标示，联系工作或参观应经批准并由专人陪同。

（4）进入实验区域的人员均应穿工作服，以防止污染源的带入。

（5）实验室内不得有与实验无关的物品，不得进行与工作无关的活动，以保护人身安全和设备安全。

（二）设备

1. 仪器设备的配置

（1）根据实验室承检样品和检测项目的需要，按照检测方法的要求，配备相适应的仪器设备和器具。

（2）仪器设备的配置应满足量程匹配，并能达到测试所需要的灵敏度和准确度。

2. 设备使用和维护

（1）大型精密仪器应放置在固定、合适的场所，配备符合要求的辅助设施，并有专人负责。

（2）大型设备应建立设备档案，给予统一编号。

（3）建立仪器设备台账，及时更新，保持账物相符。

（4）大型仪器的操作程序和维护应制定作业指导书。

（5）检验方法中所使用的滴定管、移液管、容量瓶、刻度吸管、比色管等玻璃量器均应按国家有关规定及规程进行检定校正。

（6）检验方法所使用的马弗炉、恒温干燥箱、恒温水浴锅等均应按国家有关规程进行测试和检定校正。

（7）天平、酸度计、温度计、分光光度计、色谱仪等均应按国家有关规程进行测试和检定校正。

（8）根据仪器的性能情况，加贴仪器状态标志（校准或检定状态）。

（9）大型精密仪器的使用人员应经过操作培训并取得上岗操作证，严格按照说明书和操作规程使用，每次使用后应做好仪器使用记录。

（10）设备发生故障或出现异常情况时，使用人员应立即停止使用，分析原因，采取排除故障的措施或进行维修，做好记录。同时，应追溯该仪器近期的测试结果，确定这些结果的准确性，如有疑问，应立即通知客户，准备重新检测。设备未修复期间，应在明显位置加贴停用标识或移出实验区域单独放置。

二、实验室安全管理

（一）化学药品及危险品管理

1. 化学药品的贮存

（1）较大量的化学药品应放在药品贮藏室中，贮藏室应是朝北的房间，以避免阳光直射、室温过高。室内应干燥通风，严禁明火。一般试剂应按测定对象或功能团分类存放，以便查找。

（2）所用药品试剂、标样都应有标签。绝对不要在容器中装入与标签不相符的药品试剂。

（3）危险物品应分类存放，加强管理。危险药品如爆炸品，具有猛烈的爆炸性，当受到高热摩擦、撞击、剧烈震动等外来因素的作用就会发生剧烈的化学反应，产生大量的气体或高热。这类药品有三硝基甲苯、苦味酸、硝酸铵等。另外，危险物品还有氧化剂、自燃物品、易燃液体毒害物、腐蚀物品等。这些物品应分类存放，爆炸药品、易燃物品贮温最好低于30℃；对腐蚀性药品应选用耐腐蚀材料作药品架。贮藏室照明应用防爆型照明设备，并备好消防器材。管理人员必须具备防火灭火知识。

（4）药品使用过后，应立即将试剂瓶盖严，放回原处避光保存。

2. 化学药品的使用

（1）浓酸、浓碱的使用。浓酸和浓碱有很强的腐蚀性，容易对人体造成不同程度的损害，如溅到皮肤上会引起腐蚀与烧伤，吸入浓酸蒸气会强烈刺激呼吸道，因此在使用时应注意以下几点。

①使用浓酸时，不得用鼻子嗅其气味或将瓶口对准人的脸部。

②在使用过程中，要严防液体溅到皮肤上，以免被烧伤。

③到库房取用浓酸、浓碱时，应戴上橡皮手套和防护眼镜，如瓶子较大，搬运时必须一手托住瓶底，一手拿住瓶颈。

④用移液管吸取液体时，必须用橡皮球操作。如必须用鼻子鉴别试剂时，可用手轻轻扇动，使试剂气体流到自己面前，稍闻其味即可，切勿以鼻子接近瓶口。

⑤不得放入烘箱内烘烤。

⑥稀释硫酸时要在耐热容器内进行，将硫酸沿器壁缓慢倒入水中，同时用玻璃棒搅拌。切不可将水倒入硫酸中。如需将浓酸和浓碱中和，则必须先行稀释。

⑦在压碎或研磨氢氧化钠时，要注意防范小碎块或其他危险物质碎片溅散，以免烧伤眼睛、面孔及身体其他部位。

⑧浓酸做加热浴的操作必须小心,与眼睛要离开一定距离,火焰不能超过石棉网的石棉芯,搅拌时要均匀。在浓硫酸介质中进行检定反应,加入浓硫酸混匀时应该用玻璃棒搅拌,或以振摇代替搅拌,以免溅出伤人。

⑨浓酸和浓碱废液不要倒入水槽,以防堵塞或侵蚀水道。

⑩浓酸流到操作台上时,应立即往酸里加适量的碳酸氢钠溶液中和,直至不发生气泡为止(如浓碱流到桌面上,可立即往碱里加适量的稀醋酸),然后用水冲洗桌面。

(2)其他药品的使用。

①开启易挥发液体试剂(如乙醚、石油醚)及低沸点物质时不可在火源附近,应先将试剂冷却,尤其在夏季,最好在通风橱中进行。

②加热易燃溶剂,必须在水浴、沙浴或封闭式电热板上进行,严禁用火焰或电炉直接加热。

③用瓶夹取下正在沸腾的溶液时,应先轻轻摇动以后再取下,以免溅出伤人。

3.废弃物处置

(1)实验室人员应具备良好的工作习惯,实验过程中产生的废弃物应倒入分类的废物桶或废液瓶内,危害性废弃物不能随意带出实验区域或丢弃。

(2)所有废弃物(废水、废气、废渣)的排放应符合国家排放标准,防止污染环境。

(3)无法在实验室妥善处理的剧毒品、废液、固体废弃物应由专业单位统一处理,并做好处置记录。

4.高压钢瓶的安全使用

装有各种压缩气体的钢瓶应根据气体的种类涂上不同的颜色及标志,如氧气瓶为天蓝色,氮气瓶为黑色,乙炔气瓶为白色等。搬运钢瓶时,应套好防护帽和防震胶圈,不得摔倒和撞击。使用钢瓶时必须严格按其使用说明和规定操作。

开启高压瓶时应缓慢,不得将出口对人。

(二)安全用电要求

1.电气设备的使用规则

(1)电气设备要由专人管理,定期检修,使用前应检查开关、线路等各部件是否安全可靠,操作时要戴绝缘手套,站在绝缘垫上,并遵守设备的使用规则。

(2)电线绝缘要可靠,线路安装要合理,应按负荷量选用合格的线路熔断丝,不可用钢、铝等金属丝代替,以免烧坏设备或发生火灾事故。

(3)停电时,要断开全部电气设备的开关,恢复供电后,再按操作规程接通电源,以免损坏设备。

(4)使用新的电气设备时,应首先了解设备性能、使用方法和注意事项。长期放置的电气装置使用前应检查性能是否良好,如发生故障要及时修理,不能勉强使用。

(5)电气设备必须安装接地线,如发生漏电现象,应立即停止使用,进行检修。

(6)有固定位置的电气设备,用后除关闭电源外,还应拔下插头,以免长期通电损坏设备。

(7)设备和电线应保持干燥清洁,不得用铁柄毛刷或湿布清扫,更不能把水洒在电气设备和线路上。

(8)电气设备发生异常现象时,应立即停机,通知专业人员检修后再使用,不得私自拆卸修理。

2. 触电和急救

(1)发生触电的原因主要有以下几方面。

①缺乏安全用电常识,不熟悉电气设备的性能及使用方法而盲目操作,检修电气设备时,违反操作规程。

②电气设备绝缘性能不好,人体触及裸露的电线、电闸和发育接地线的设备而触电。

③长期失修的电气设备不及时检修,仍勉强使用。

触电时若电压很高很强,会使全身肌肉痉挛,有时可因电机械作用而使身体弹离电源,这样可减轻伤害。如手掌触电时,会引起手指弯曲而抓紧电源,增加触电时间,造成严重休克或呼吸、心跳停止。

(2)一旦发生触电事故,应采取以下方法急救。

①首先要迅速切断电源,再进行抢救。触电者未脱离电源时,救护者应戴胶皮手套,穿胶底鞋或踏干木板,利用绝缘器具(如干木棒、干衣物等)使触电者尽决脱离电源,但注意避免损伤触电者。

②将触电者平放在地上,立即检查呼吸和心跳情况。若呼吸停止要尽快进行人工呼吸,心脏停止跳动时,应同时进行心脏按压,并迅速送往医院抢救。被电烧伤的皮肤要注意防止感染。

项目 1-2　认知食品检验人员职业道德要求

想一想

我原来在一家知名油脂厂做检验员,现在去另一家知名的油脂厂应聘检验员岗位。面试人问我原来那家企业具体检验了哪些指标,内控指标是多少,我该如何回答?

读一读

▶ 一、职业道德的基本知识

(一)道德与职业道德

道德是调整人和人之间以及个人与社会之间关系的行为规范,它是一定社会、一定阶级对人们的行为提出的最根本的和最一般的要求。它规定了人们如何处理人和人之间各种关系的行为准则,规定了什么行为是"应该"的,什么行为是"不应该"的。

道德准则是依靠社会舆论、人们的内心信念和传统习惯的力量来实现的。道德准则不像政治、法律规范那样由国家制定,它的最终实现也不像法律那样依靠检察院、法院、公安机关这些部门的威慑力量来保证实现。道德是依靠日常的社会道德教育、社会舆论以及人们内心深处坚定的道德信念的力量来实现的。

随着人类社会的发展和社会分工的出现,以分工为显著特征的各种职业相应出现。在不同的职业范围内,人们之间的关系具有不同的职业特点。人们在各种职业生活实践中,认识自然规律和人对自然的关系的同时,也逐渐认识了人们之间的职业关系,从而形成了思想和行为所应遵循的带有职业特点的道德规范和准则,职业道德就应运而生了。

社会主义职业道德的基本内容是热爱本职工作,坚定为社会做奉献的信念,刻苦钻研专业知识,增强技能,提高自身素质,遵守国家法律法规,与求助者建立平等友好的咨询关系。社会主义职业道德是人们在职业活动中遵循的行为准则,涵盖了从业人员与服务对象、职业与职工、职业与职业之间的关系,是建立社会主义思想道德体系的重要内容。

(二)职业道德的特点和社会作用

1. 职业道德的特点

(1)职业道德具有行业性和适用范围的有限性。

(2)职业道德具有发展的历史继承性。

(3)职业道德表达形式多种多样。

(4)职业道德兼有强烈的纪律性。

2. 职业道德的社会作用

职业道德是社会道德体系的重要组成部分,它既具有社会道德的一般作用,又具有自身的特殊作用,具体表现在以下几点:

(1)调节职业交往中从业人员内部以及从业人员与服务对象间的关系;

(2)有助于维护和提高本行业的信誉;

(3)促进本行业的发展;

(4)有助于提高全社会的道德水平。

▶ 二、我国职业道德的基本规范

1. 爱岗敬业、忠于职守

爱岗敬业就是要热爱本职工作,敬重本职工作,这是各行各业职业道德建设的共性问题。热爱本职工作,就会从本职工作出发,严格自觉地按岗位规范和操作规程的要求认真履行岗位职责、做好本职工作,才能在平凡的工作中做出不平凡的业绩。

忠于职守就是要具有强烈的职业责任感和义务感,坚守岗位,尽心竭力地履行职业责任,必要时甚至以身殉职。忠于职守不仅表明了从业人员对本职工作的感情和志向,而且是每个从业人员应尽的义务。它是评价和考核从业人员工作成绩的依据,也是每个从业人员热爱祖国、服务社会的具体体现。

2. 遵纪守法、诚实守信

遵纪守法是指每个从业人员都要遵守职业纪律,遵守与职业活动相关的法律、法规。职业纪律是在特定的职业活动范围内从事某种职业的人们所要共同遵守的准则,它包括组织纪律、劳动纪律、财经纪律、群众纪律等基本纪律要求,以及行业的特殊纪律要求。

法律是反映统治阶级意志的,由国家制定和认可的,靠国家强制力保证实施的行为规范的总和,如法令、规则、命令等。从业人员在职业活动中遵守法律是职业道德规范的基本要求。

诚实守信是高尚道德情操在职业活动中的重要体现,是每个从业人员应有的思想品质和行为准则。它要求每个从业人员诚实劳动、真诚待人、注重质量、讲究信誉,在职业活动中坚持原则、不谋私利、不受贿赂、不贪钱财。

3.和睦相处、团结协作

和睦相处、团结协作是处理职业团体内部从业人员之间、同行之间及各行各业之间关系的重要道德规范，是集体主义道德原则和新型人际关系在职业活动中的具体表现。它要求从业人员面对不可避免的激烈竞争，在发展自己的同时，还应发扬团结友爱的精神，为对方提供具体的帮助，给对方以方便，并互相促进。各行各业的从业人员不仅要爱自己的服务对象，而且要爱自己周围的同志，同行之间要互相学习和支援、取长补短。

和睦相处、团结协作也是科学技术发展和社会化程度提高的需要。随着科学技术的发展，社会化程度越来越高，职业分工越来越细，劳动过程更趋专业化、社会化，科学技术各学科相互渗透。科学的进步、技术的发展，需要多部门、多领域、多学科的协同奋斗，任何一道工序出了差错，都会影响整个项目的进展。因此，从业人员之间、协作单位之间必须和睦相处、团结协作、以诚相待、相互支持、相互帮助，以实现最佳的经济效益和社会效益。

4.服务群众、奉献社会

所谓服务群众，就是为人民群众服务。服务群众指出了我们的职业与人民群众的关系，指出了我们工作的主要服务对象是人民群众，指出了我们应当依靠人民群众，时时刻刻为群众着想，急群众所急，忧群众所忧，乐群众所乐。一切依靠人民群众，一切服务于人民群众，是我们党的群众路线的重要内容。服务群众是党的群众路线在社会主义职业道德的具体表现，这也是社会主义职业道德与以往私有制社会职业道德的根本区别。在社会主义社会，每个从业人员都是群众中的一员，既是为别人服务的主体，又是别人为之服务的对象。每个人都有权享受他人的职业服务，同时又承担着为他人进行职业服务的义务。因此，服务群众作为职业道德，是对所有从业者的要求。

要做到服务群众，首先就要树立服务群众的观念；其次，要做到真心对待群众；再次，要尊重群众；最后，做每件事都要方便群众。

5.勇于竞争、不断创新

竞争作为一种社会现象是指人们为了满足自己的需要而相互争胜，是人们为了发挥自己的长处、优势、才能和智慧以获得自己的利益的过程。增强竞争意识，就是要敢于表现自己，在不足中锻炼自己，克服自卑心理，相信别人能做到的自己一定能做到，暂时做不到的，也可以想办法创造条件去争取做到。

增强竞争意识还要有敢于承担风险、不怕挫折的精神，同时还要有科学求实的态度，更要有开拓创新的精神。所谓创新，是指在工作中勇于打破旧观念，破除各种束缚，敢于创造，做前人没做过的事，走前人没走过的路，善于开创工作的新局面。敢于竞争和开拓创新是相互促进的，竞争鞭策人们不断创新，不断创新才能在竞争中立于不败之地。

三、农产品食品检验员的职业道德

食品检验员除应遵守基本的职业道德外，还应做到以下基本道德规范。

1.科学求实、公正公平

遵循科学求实原则，检验要求公正公平，数据真实准确，报告规范，保证工作质量。

2. 程序规范，注重时效

按照检验工作程序、标准、规程进行检测，对检测过程实行有效控制，按时提供准确可靠的检测结果。

3. 秉公检测，严守秘密

严格按照规章制度办事，工作认真负责，遵守纪律，保守技术和商业秘密。

项目 1-3　认知相关法律法规

想一想

1. 老板要求你给变质有安全危害的食品出合格检验报告，并说，你是我公司的检验员，我让你怎么出检验报告你就怎么出，出了事我负责。你该怎么办？出了事你有责任吗？

2. 食品生产企业哪些检验设备必须进行检定？

读一读

▶ 一、食品安全法

《中华人民共和国食品安全法》（以下简称《食品安全法》）于 2009 年 2 月 28 日第十一届全国人民代表大会常务委员会第七次会议通过，自 2009 年 6 月 1 日起实施。此后，《食品安全法》经过两次修正。2015 年 4 月 24 日，新修订的《食品安全法》经第十二届全国人大常委会第十四次会议审议通过，于 2015 年 10 月 1 日起正式施行。2018 年 12 月 29 日，第十三届全国人民代表大会常务委员会第七次会议对《食品安全法》再次修正。现行《食品安全法》共 10 章，154 条。

第一章　总则。规定本法的使用范围、各部门的职责和权限。

第二章　食品安全风险监测和评估。国家建立食品安全风险监测制度，对食源性疾病、食品污染以及食品中的有害因素进行监测，作为制定、修订食品安全标准和对食品安全实施监督管理的科学依据。

第三章　食品安全标准。规定食品安全国家标准由国务院卫生行政部门会同国务院食品安全监督管理部门制定、公布，国务院标准化行政部门提供国家标准编号。企业生产的食品没有食品安全国家标准或者地方标准的，应当制定企业标准，作为组织生产的依据。国家鼓励食品生产企业制定严于食品安全国家标准或者地方标准的企业标准。企业标准应当报省级卫生行政部门备案,在本企业内部适用。

第四章　食品生产经营。规定食品生产经营实行许可制度,各企业应当遵守各种良好规范。食品生产企业应当建立食品出厂检验记录制度,查验出厂食品的检验合格证和安全状况,并如实记录食品的名称、规格、数量、生产日期、生产批号、检验合格证号、购货者名称及联系方式、销售日期等内容。食品出厂检验记录应当真实,保存期限不得少于2年。

第五章　食品检验。规定法定检验机构应取得资格认定,并特别指出食品安全监督管理部门对食品不得实施免检。

第六章　食品进出口。规定进出口食品由国家出入境检验检疫部门负责。

第七章　食品安全事故处置。国务院组织制订国家食品安全事故应急预案,县级以上地方人民政府应根据有关法律、法规的规定和上级人民政府的食品安全事故应急预案以及本行政区域的实际情况,制订本行政区域的食品安全事故应急预案,并报上一级人民政府备案。

第八章　监督管理。县级以上地方人民政府组织本级卫生行政、农业行政、质量监督、工商行政管理、食品安全监督管理部门制订本行政区域的食品安全年度监督管理计划,并按照年度计划组织开展工作。

第九章　法律责任。规定各种违反本法律应负的责任。

第十章　附则。铁路运营中食品安全的管理办法由国务院卫生行政部门会同国务院有关部门依照本法制定;军队专用食品和自供食品的食品安全管理办法由中央军事委员会依照本法制定。

二、产品质量法

《中华人民共和国产品质量法》(以下简称《产品质量法》)于1993年2月22日第七届全国人民代表大会常务委员会第三十次会议通过,根据2000年7月8日第九届全国人民代表大会常务委员会第十六次会议《关于修改〈中华人民共和国产品质量法〉的决定》第一次修正,根据2009年8月27日第十一届全国人民代表大会常务委员会第十次会议《关于修改部分法律的决定》第二次修正,根据2018年12月29日第十三届全国人民代表大会常务委员会第七次会议《关于修改〈中华人民共和国产品质量法〉等五部法律的决定》第三次修正。

《产品质量法》共6章,74条。

第一章　总则。共11条。主要规定了立法宗旨和法律调整范围,明确了产品质量的主体,即在中华人民共和国境内(包括领土和领海)从事生产销售活动的生产者和销售者,必须遵守此法,国家有关部门有依法调整其活动的权利、义务和责任关系。本法所称的"产品"是指经过加工、制作用于销售的产品。总则中还规定了严禁生产、销售假冒伪劣产品,确定了我国产品质量监督管理体制。

第二章　产品质量的监督。共14条。主要规定了两项宏观管理制度:一项是企业质量体系认证和产品质量认证制度;另一项是对产品质量的检查监督制度。

同时还规定了用户、消费者关于产品质量问题的查询和申诉的权利。

第三章　生产者、销售者的产品质量责任和义务。共 14 条。

第四章　损害赔偿。共 9 条。主要规定了因产品存在一般质量问题和产品存在缺陷造成损害引起的民事纠纷的处理及渠道。

第五章　罚则。共 24 条。规定了生产者、销售者因产品质量的违法行为而应承担的行政责任、刑事责任。

第六章　附则。共 2 条。军工产品质量监督管理办法，由国务院、中央军事委员会另行制定。因核设施、核产品造成损害的赔偿责任，法律、行政法规另有规定的，依照其规定。

▶ 三、标准化法

《中华人民共和国标准化法》（以下简称《标准化法》）于 1988 年 12 月 29 日由第七届全国人民代表大会常务委员会第五次会议通过，2017 年 11 月 4 日第十二届全国人民代表大会常务委员会第三十次会议修订，修订后的《标准化法》自 2018 年 1 月 1 日起施行。

《标准化法》共 6 章，45 条。

第一章　总则。标准（含标准样品），是指农业、工业、服务业以及社会事业等领域需要统一的技术要求。标准包括国家标准、行业标准、地方标准和团体标准、企业标准。国家标准分为强制性标准、推荐性标准，行业标准、地方标准是推荐性标准。

强制性标准必须执行。国家鼓励采用推荐性标准。

标准化工作的任务是制定标准、组织实施标准以及对标准的制定、实施进行监督。

国务院标准化行政主管部门统一管理全国标准化工作。国务院有关行政主管部门分工管理本部门、本行业的标准化工作。

国务院建立标准化协调机制，统筹推进标准化重大改革，研究标准化重大政策，对跨部门跨领域、存在重大争议标准的制定和实施进行协调。

第二章　标准的制定。国务院有关行政主管部门依据职责负责强制性国家标准的项目提出、组织起草、征求意见和技术审查。国务院标准化行政主管部门负责强制性国家标准的立项、编号和对外通报。国务院标准化行政主管部门应当对拟制定的强制性国家标准是否符合前款规定进行立项审查，对符合前款规定的予以立项。

省、自治区、直辖市人民政府标准化行政主管部门可以向国务院标准化行政主管部门提出强制性国家标准的立项建议，由国务院标准化行政主管部门会同国务院有关行政主管部门决定。社会团体、企业事业组织以及公民可以向国务院标准化行政主管部门提出强制性国家标准的立项建议，国务院标准化行政主管部门认为需要立项的，会同国务院有关行政主管部门决定。

强制性国家标准由国务院批准发布或者授权批准发布。

第三章　标准的实施。国务院标准化行政主管部门和国务院有关行政主管部门、设区的市级以上地方人民政府标准化行政主管部门应当建立标准实施信息反馈和评估机制,根据反馈和评估情况对其制定的标准进行复审。标准的复审周期一般不超过 5 年。经过复审,对不适应经济社会发展需要和技术进步的应当及时修订或者废止。

第四章　监督管理。县级以上人民政府标准化行政主管部门、有关行政主管部门依据法定职责,对标准的制定进行指导和监督,对标准的实施进行监督检查。

第五章　法律责任。对于任何违反标准化法规定的行为,国家相关管理部门有权依法处理。

第六章　附则。军用标准的制定、实施和监督办法,由国务院、中央军事委员会另行制定。

▶ 四、计量法

《中华人民共和国计量法》(以下简称《计量法》)于 1985 年 9 月 6 日第六届全国人民代表大会常务委员会第十二次会议通过。2009 年 8 月 27 日第十一届全国人民代表大会常务委员会第十次会议第一次修正;2013 年 12 月 28 日第十二届全国人民代表大会常务委员第六次会议第二次修正;2015 年 4 月 24 日第十二届全国人民代表大会常务委员第十四次会议第三次修正;2017 年 12 月 27 日第十二届全国人民代表大会常务委员会第三十一次会议第四次修正;2018 年 10 月 26 日第十三届全国人民代表大会常务委员会第六次会议第五次修正。

《计量法》共 6 章,34 条。

第一章　总则。适用范围。在中华人民共和国境内,建立计量基准器具、计量标准器具,进行计量检定,制造、修理、销售、使用计量器具。国家法定计量单位包括国际单位制单位和国家选定的其他计量单位。县级以上地方人民政府计量行政部门对其行政区域内的计量工作实施监督管理。

第二章　计量基准器具、计量标准器具和计量检定。计量基准器具为全国统一量值的最高依据。

县级以上人民政府计量行政部门对社会公用计量标准器具,部门和企业、事业单位使用的最高计量标准器具,以及用于贸易结算、安全保护、医疗卫生、环境监测方面的列入强制检定目录的工作计量器具,实行强制检定。未按照规定申请检定或者检定不合格的,不得使用。实行强制检定的工作计量器具的目录和管理办法,由国务院制定。

对前款规定以外的其他计量标准器具和工作计量器具,使用单位应当自行定期检定或者送其他计量检定机构检定,县级以上人民政府计量行政部门应当进行监督检查。

第三章　计量器具管理。对计量器具管理,实行制造(或修理)计量器具许可证制度。

第四章　计量监督。县级以上人民政府计量行政部门根据需要可设计量监督员和计量检定机构。

第五章　法律责任。未取得许可证或制造、销售、修理计量器具不合格等法律所规定的不法行为都应当究其法律责任,并予以相应处罚,当事人不服的可向人民法院起诉。

第六章　附则。

五、农产品质量安全法

《中华人民共和国农产品质量安全法》(以下简称《农产品质量安全法》)于 2006 年 4 月 29 日第十届全国人民代表大会常务委员会第二十一次会议通过,2018 年 10 月 26 日第十三届全国人民代表大会常务委员会第六次会议修正。

《农产品质量安全法》共有 8 章,56 条。

第一章　总则。

第二章　农产品质量安全标准。

第三章　农产品产地。

第四章　农产品生产。

第二十六条　农产品生产企业和农民专业合作经济组织,应当自行或者委托检测机构对农产品质量安全状况进行检测;经检测不符合农产品质量安全标准的农产品,不得销售。

第五章　农产品包装和标识。

第六章　监督检查。

第三十六条　农产品生产者、销售者对监督抽查检测结果有异议的,可以自收到检测结果之日起 5 日内,向组织实施农产品质量安全监督抽查的农业行政主管部门或者其上级农业行政主管部门申请复检。

采用国务院农业行政主管部门会同有关部门认定的快速检测方法进行农产品质量安全监督抽查检测,被抽查人对检测结果有异议的,可以自收到检测结果时起 4 小时内申请复检。复检不得采用快速检测方法。

因检测结果错误给当事人造成损害的,依法承担赔偿责任。

第三十七条　农产品批发市场应当设立或者委托农产品质量安全检测机构,对进场销售的农产品质量安全状况进行抽查检测;发现不符合农产品质量安全标准的,应当要求销售者立即停止销售,并向农业行政主管部门报告。

农产品销售企业对其销售的农产品,应当建立健全进货检查验收制度;经查验不符合农产品质量安全标准的,不得销售。

第七章　法律责任。

第四十三条　农产品质量安全监督管理人员不依法履行监督职责,或者滥用职权的,依法给予行政处分。

第四十四条　农产品质量安全检测机构伪造检测结果的,责令改正,没收违法所得,并处五万元以上十万元以下罚款,对直接负责的主管人员和其他直接责任人员处一万元以上五万元以下罚款;情节严重的,撤销其检测资格;造成损害的,依法承担赔偿责任。

农产品质量安全检测机构出具检测结果不实,造成损害的,依法承担赔偿责任;造成重大损害的,并撤销其检测资格。

第八章　附则。

项目 1-4　食品检验的抽样和数据处理

任务 1-4-1　抽样

想一想

1. 公司新采购的豆油用油罐车运到了,主管安排你去抽样检验,你该如何取样呢?
2. 品管部主管安排你负责月饼的出厂检验,你应该抽多少个月饼来检验呢?

读一读

▶ **一、抽样的定义和特点**

(一)样品和抽样的定义

样品是指所取出的少量物料,其组成成分能代表全部物料的成分。

抽样就是从整批产品中抽取一定量具有代表性样品的过程。

(二)抽样的特点

(1)科学性。抽样检验以数理统计理论为基础,但不是所有的非全数检验都可称为统计抽样检验。抽样检验只有严格按照抽样调查理论进行才具有科学性。

(2)经济性。抽样检验能在保证结果准确性的前提下使参与检验的样本量最少,只占检验批很少一部分,故具有经济性。

(3)随机性。随机性是抽样检验最基本和一定要保证的特性。随机性是指抽样时使总体中每一个体独立和等概率地被抽取。

(4)风险性。正是由于抽样检验具有随机性,同时才具有一定的风险。但这种风险是可以预见、控制和避免的。

二、常用抽样方法

(一)抽检样品采集的原则

样品采集的原则是随机抽样,就是保证在抽取样本的过程中,排除一切主观意向,使批中的每个单位产品都有同等被抽取的机会的一种抽取方法。

(二)常用抽样方法

1. 简单随机抽样法

简单随机抽样法就是平常所说的随机抽样法,指总体中的每个个体被抽到的机会是相同的。可采用抽签、抓阄、掷骰、查随机数值表(乱数表)等办法。抽奖时摇奖的方法就是一种简单随机抽样法。简单随机抽样法的优点是抽样误差小,缺点是抽样手续比较繁杂。

2. 系统随机抽样法

系统随机抽样法又叫等距抽样法或机械抽样法,是每隔一定时间或一定编号进行,而每一次又是从一定时间间隔内生产出的产品或一段编号的产品中任意抽取一个。像在流水线上定时抽一件产品进行检验就是系统随机抽样的一个例子。系统随机抽样操作简便,实施起来不易出差错。但在总体发生周期性变化的场合,不宜使用这种抽样的方法。

3. 分层抽样法

分层抽样法又叫类型抽样法。它是从一个可以分成不同层(或称子体)的总体中,按规定的比例从不同层中随机抽取样品的方法。层别可以按设备分、按操作人员分、按操作方法分。分层抽样法常用于产品质量验收。分层抽样法的优点是样本代表性比较好,抽样误差比较小;缺点是抽样手续较简单随机抽样法繁杂。

4. 整群抽样法

整群抽样法又叫集团抽样法。这种方法是将总体分成许多群(组),每个群(组)由个体按一定方式结合而成,然后随机地抽取若干群(组),并由这些群(组)中的所有个体组成样本。比如,对某种产品来说,每隔 20 h 抽出其中 1 h 的产量组成样本。整群抽样法的优点是抽样实施方便;缺点是由于样本分布在个别几个群体,而不能均匀地分布在总体中,因而代表性差,抽样误差大。

5. 等比例抽样法

等比例抽样法就是按产品批量的一定比例抽取样品。例如,按批量的 5% 抽样。

[例]假设有某种成品分别装在 20 个箱中,每箱各装 50 个,总共是 1 000 个。如果想从中取 100 个成品作为样本进行测试研究,那么应该怎样运用上述前 4 种抽样方法呢?

(1)简单随机抽样:将 20 箱成品倒在一起,混合均匀,并将成品从 1～1 000 逐一编号,然后用查随机数表或抽签的办法从中抽出编号毫无规律的 100 个成品组成样本,这就是简单随机抽样。

（2）系统随机抽样：将20箱成品倒在一起，混合均匀，并将成品从1～1 000逐一编号，然后用查随机数表或抽签的办法先决定起始编号，比如16号，那么后面入选样本的成品编号依次为26,36,46,56,…,906,916,926,…,996,06。于是就由这样100个成品组成样本，这就是系统随机抽样。

（3）分层抽样：对所有20箱成品，每箱都随机抽出5个成品，共100件组成样本，这就是分层抽样。

（4）整群抽样：先从20箱成品随机抽出2箱，然后对这2箱成品进行全数检查，即把2箱成品看成"整群"，由它们组成样本，这就是整群抽样。

三、食品检验样品的采集

（一）采样的要求

（1）抽样后对样品按要求进行采集。采样前应注意样品的生产日期、批号、代表性和均匀性（掺伪食品和食物中毒样品除外）。采集的数量应能反映该食品的卫生质量和满足检验项目对样品量的需要。

（2）采样容器根据检验项目，选用硬质玻璃瓶或聚乙烯制品。进行微生物检验用的样品，要严格遵守无菌操作规程。

（3）液体、半流体饮食品（如植物油、鲜乳、酒或其他饮料），如用大桶或大罐盛装者，应先充分混匀后再采样。

（4）粮食及固体食品应自每批食品上、中、下三层中的不同部位分别采取部分样品，混合后按四分法对角取样，再进行几次混合，最后取有代表性样品。

（5）肉类、水产等食品应按分析项目要求分别采取不同部位的样品或混合后采样。

（6）定型包装食品采样时应保持原包装的完整，并附上原包装上的一切商标及说明，以供检验人员参考。

（7）掺伪食品和食物中毒的样品采集，要具有典型性。

（8）采样后迅速检测，尽量避免样品在检验前发生变化，应使其保持原来的理化状态。检验前不应出现污染、变质、成分逸散、水分变化及酶影响等情况。

（9）填写采样记录，并在盛放样品的容器上贴上标签，注明样品的名称、采样的地点、日期、样品批号或编号、采样条件、包装情况、采样数量、检验项目及采样人。

（二）采样的步骤和方法

1.采样步骤

采样步骤为：原始样的采集→原始样的混合→缩分原始样至需要的量。

2.采样方法

食品的产品标准和安全（或卫生）标准中规定了每种（或每类）食品的抽样方法，应按规定进行采样。如果产品标准中没有规定抽样方法，则参考表1-4-1进行抽样。

表 1-4-1　食品检验常用采样方法

样品类型		采样方法	采样数量
液体样品	大型容器（如大油罐内）内样品	虹吸法分别吸取上、中、下层样品各0.5 L	混合均匀后取 0.5～1.0 L
	罐装或瓶装	根据批号随机采样	容量≥250 g,至少抽取 6 瓶;容量＜250 g,至少抽取 10 瓶
固体样品	散装	按每批食品的上、中、下三层中的不同部位分别用双套回转取样器采样	混合后按四分法对角取样,再进行几次混合,最后取有代表性的样品,一般为 0.5～1.0 kg
	定型包装	$S = \sqrt{\dfrac{N}{2}}$ S——采样点数 N——检测对象的数目(件、袋、桶等)	每天每个品种取样数不得少于 3 袋
特殊样品	肉类	一般按动物结构、各部位具体情况合理采集 畜类:从颈背肌肉、大排、中方、前腿和后腿五部分采集 禽类:从颈部、腿和胸部三部分采集	一般为 0.5～1.0 kg
	水产	除去外壳,取可食部分	贝类采集量:1 kg 大虾采集量:10 个 蟹采集量:10～30 个
	果蔬	采用等分取样法	一般为 0.5～1.0 kg,体积较大者采集 1～3 个

任务 1-4-2　检验数据处理

想一想

1.精密度和准确度有什么不同？它们分别可以用什么指标来表示？

2.生活中我们常说"四舍五入",检验数据的处理也是采用"四舍五入"吗？

读一读

▶ **一、常用量的法定计量单位**

我国推行的法定计量单位是以国际单位制的单位为基础。国际单位制是 1960 年第 11

届国际计量大会推荐各国采用的一种计量单位制。SI 是国际单位制的简写符号。表 1-4-2 是食品中常用的法定计量单位。

表 1-4-2　食品中常用的法定计量单位

量的名称	单位名称	单位符号
长度	米;厘米	m; cm
质量	千克;克;毫克;微克	kg; g; mg; μg
物质的量	摩尔;毫摩尔	mol; mmol
摩尔质量	千克每摩尔;克每摩尔	kg/mol; g/mol
体积	升;毫升;微升	L; mL; μL
密度	千克每立方米;克每立方厘米	kg/m³; g/cm³
相对密度	无量纲	
压力	帕斯卡	Pa
摄氏温度	摄氏度	℃

二、检验误差

(一)误差的基本概念

检验实质上是借助于某种手段或方法,测量产品的质量特性值,获取质量数据后与标准要求进行对比和判定的活动。

由于测量具有不确定度,故一个检验员用同一种方法,在同样的条件下,对同一产品的某种质量特性进行多次检验,每次检验所得到的数值也不会完全相同。即使是技术很熟练的检验员,用最完善的方法和最精密的仪器测量,其结果也是如此。检验的结果在一定范围内波动,说明检验过程的测量误差是客观存在的。随着科学技术水平的不断提高,人们的经验、知识不断丰富,测量方法、手段的不断提高和完善,测量误差可以被控制得愈来愈小,但不可能完全把测量误差消除。

误差可定义为绝对误差和相对误差。

1.绝对误差

定义:某量值地给出值与真值之差称为绝对误差。

$$绝对误差＝给出值－真值$$

式中:给出值——包括测量值、实验值、标称值、计算近似值等。

真值——指某特性值的真实值。

真值是一个理想的概念,一般来说真值是未知的,因此绝对误差也就是未知的。但在某些情况下从相对意义而言,真值是可知的。通常所说的真值可以分为理论真值、约定真值和相对真值。

(1)理论真值:也称绝对真值,如三角形内角之和等于 180°、理论设计值和理论公式值等。

（2）约定真值：也称规定真值，如由国际计量大会定义的单位称为约定真值。

（3）相对真值：高一级标准器与低一级标准器的误差，相对而言可认为前者是后者的真值。标准物质证书上所给出的标准值也是相对真值。

绝对误差是有名数（有单位）。测量结果大于真值时误差为正，测量结果小于真值时误差为负。误差的大小是衡量测量结果准确性的尺度。

2.相对误差

定义：相对误差表示的是绝对误差与真值的比值。

相对误差不仅能反映误差大小，而且能反映测量的准确度。相对误差越小，表示测量的准确度越高。

（二）误差的产生原因

1.计量器具、测试设备及试剂误差

由于测量设备本身不精确而产生的误差。如刻度不准确，未经校准，稳定性、精确度、灵敏度不够而导致检验中产生的误差。

2.环境条件误差

测试环境（如温度、湿度、气压、振动、磁场、风、尘等）达不到要求而造成的测量误差。

3.方法误差

检验方法不正确而造成的检验误差。

4.检验员误差

检验员的不正确操作或生理缺陷造成的检验误差。

5.被检产品误差

抽样检验时由于批质量的均匀性、稳定性而影响抽样的代表性差异所造成的检验误差。

（三）误差的分类

1.系统误差

定义：在同一条件下多次测量同一量值时，误差的绝对值和符号保持恒定，或在条件改变时，按某种确定规律变化的误差。

当系统误差方向和绝对值已知时，可以修正或在测量过程中加以消除。注意，加大测量次数并不能使系统误差减小。

2.随机误差

定义：在相同条件下多次测量同量值时，误差的绝对值和符号的变化不确定，以不可预定的方式变化的误差。

引起随机误差的因素是无法控制的，因此随机误差不能修正。随机误差具有统计规律，可应用统计学的数学知识进行估计。也可通过增加测量次数的办法在某种程度上减小随机误差。

3.粗大误差

定义:超过规定条件下所能预计的误差。

粗大误差是由于人为的读错、记错、算错,或实验条件未达到规定指标而草草进行所造成的误差。在误差分析时只能估计系统误差和随机误差,对由于粗大误差而产生的数据称为离群数据或坏值,必须从测量数据中将其剔除。

(四)误差的表示方法

1.精密度与偏差

同一样品的各测定值的符合程度为精密度。在某一实验室,使用同一操作方法,测定同一稳定样品时,允许变化的因素有操作者、时间、试剂、仪器等,测定值之间的相对偏差即为该方法在实验室内的精密度。测定值彼此越符合,测定值的偏差越小,测定就越精密。

精密度可用相对偏差、标准偏差和相对标准偏差表示。

$$绝对偏差 = X - \overline{X}$$

$$相对偏差 = \frac{X_i - \overline{X}}{\overline{X}} \times 100\%$$

$$平行样相对误差(\%) = \frac{|X_1 - X_2|}{\dfrac{X_1 + X_2}{2}} \times 100\%$$

$$S = \sqrt{\frac{\sum_{i=1}^{n}(X_i - \overline{X})^2}{n-1}}$$

$$RSD = \frac{S}{\overline{X}} \times 100\%$$

式中:X_i——某一次的测定值;

$\overline{X}$——n 次重复测定结果的算术平均值;

n ——重复测定次数;

X_i——n 次测定中第 i 个测定值;

S——标准差;

RSD——相对标准偏差。

2.准确度与误差

测定的平均值与真值相符的程度称为准确度。

某一稳定样品中加入不同水平已知量的标准物质(将标准物质的量作为真值)称加标样品;同时测定样品和加标样品;加标样品扣除样品值后与标准物质的误差即为该方法的准确度。测定值与真值越接近,测定值的误差越小,测定值就越准确。

准确度用回收率表示。

$$P = (X_1 - X_0)/m \times 100\%$$

式中:P——加入的标准物质的回收率;

m——加入的标准物质的量;

X_1——加标试样的测定值;

X_0——未加标试样的测定值。

3.准确度和精密度的关系

准确度高一定需要精密度好,但精密度好,不一定准确度就高。系统误差使测定的准确度降低,但对精密度是否有影响要看它在一系列的测定中是否保持不变而定。测定的准确度表示测定的正确性,测定的精密度表示测定的重复性。因此,只有在消除了系统误差后精密度好才说明准确度高。

在评价分析结果的时候,必须将系统误差和偶然误差的影响结合起来考虑,才能提高分析结果的准确度。

4.提高准确度与精密度的方法

为了提高方法的准确度和测定结果的可靠性,可以采用以下几种方法。

(1)对各种试剂、仪器及器皿进行校正。

(2)增加测定次数。一般来说,测定次数越多,则平均值越接近真值,结果就越可靠。

(3)做空白试验。

(4)做对照实验。在测定样品的同时,测定一系列标准溶液配制的对照,样品和对照按完全相同的步骤操作,最后将结果进行比较,这样也可以降低许多未知因素的影响。

◆ 三、检验数据的有效数字及修约规则

(一)有效数字

测量仪器本身具有一定的精度,如百分表能度量准确至±0.01 mm,千分尺能度量准至±0.001 mm,万分之一的分析天平能称准至±0.000 1 g。因此,所用测量仪器的精度决定了检验数据的有效数字。即有效数字是指在检验工作中实际能测量到的数字。记录数据和计算结果保留几位有效数字,应根据检验方法和使用的测量仪器的精度来决定。

对没有小数位且以若干个零结尾的数值,从非零数字最左一位向右数得到的位数减去无效零(即仅为定位用的零)的个数;对其他十进位数,从非零数字最左一位向右数而得到的位数,就是有效位数。当有效数字确定后. 其余数字(尾数)应一律舍去。如 0.012 3 与 1.23 都是三位有效数字。当数字末端的"0"不作为有效数字时,要改写成用乘以 10^n 来表示。

[例1] 35 000,若有两个无效零,则为三位有效位数,应写为 350×10^2;若有三个无效零,则为两位有效位数,应写为 35×10^3。

[例2] 3.2,0.32,0.032,0.003 2 均为两位有效位数;0.032 0 为三位有效位数。

[例3] 12.490 为五位有效位数;10.00 为四位有效位数。一般只保留最后一位可疑数字。

(二)数据的修约规则

当有效数字位数确定之后,要决定后面多余的数字的舍弃。过去对数值的修约采用"四

舍五入",但其进舍概率不均衡,会造成修约后的测量值系统偏高。因而现在采用"四舍六入"规则。

四舍六入修约规则的口诀是:"4要舍,6要入。5后有数进一位,5后无数看奇偶。5前为奇进一位,5前为偶全舍光。数字修约有规定,连续修约不应当。"

如:要求对以下各测量值修约为三位有效数字时,

2.3241——2.32(4舍)

2.3262——2.33(6入)

2.3251——2.33(5后非零进一位)

13.35——13.4(5前为奇进一位)

13.25——13.2(5前为偶全舍光)

13.05——13.0(5前为偶全舍光)

7.354 546——7.35(4舍)

不允许对数据连续修约,如下例为不正确的做法:

7.354 546——7.354 55——7.354 6——7.355——7.36

(三)有效数字的运算规则

(1)除有特殊规定外,一般可疑数表示末位误差。

(2)进行复杂运算时,中间过程要多保留一位有效数,最后结果取应有位数。

(3)进行加减法计算时,其结果中小数点后有效数字的保留位数应与参加运算的各数中小数点后位数量少的相同。

(4)进行乘除法计算时,其结果中有效数字的保留位数应与参加运算的各数中有效数字位数最少的相同。

测定过程中要按照仪器的精度确定有效数字的位数,运算后的数字还要进行修约。进行结果表述时,测定的有效数字的位数一般应满足标准的要求,甚至高出标准的要求,即报告的结果比标准的要求多一位有效数,如:铅含量的卫生标准为 1 mg/kg,报告值可为1.0 mg/kg。样品测定值的单位应与卫生标准一致,常用单位有 g/kg、g/L、mg/kg、mg/L、µg/kg、µg/L 等。计量单位应为中华人民共和国法定计量单位,一律采用法定的名称及其符号,并以"等物质的量的规则"进行计算。

四、数值判定方法

在标准中规定以数量形式考核某个指标时,表示符合标准要求的数值范围界限值,称为极限数值。在判定检测数据是否符合标准要求时,应将检验所得的测定值或其计算值与标准规定的极限值做比较。比较的方法有全数值比较法和修约值比较法。

(一)全数值比较法

全数值比较法是将检验所得的测定值或其计算值不经修约处理(或可作修约处理,但应表明它是经舍、进或未舍、未进而得),而用数值的全部数字与标准规定的极限值做比较,只要越出规定的极限值(不论越出程度大小),都判定为不符合标准要求。全数值比较法判断结果以"符合"或"不符合"标准要求表示，见表1-4-3。

表1-4-3　全数值比较法数值判断方法示例

项目	极限值	测定值或计算值	或写成	是否符合标准要求
某样品中铅的质量分数（%）	≤0.05	0.046 0.054 0.055	0.05（－） 0.05（＋） 0.06	符合 不符合 不符合
某样品中锰的质量分数（%）	0.30～0.60	0.294 0.295 0.605 0.606	0.29 0.30（－） 0.60（＋） 0.61	不符合 不符合 不符合 不符合

(二)修约值比较法

修约值比较法是将测定值或计算值进行修约，修约位数与标准的极限值书写位数一致，将修约后的数值与标准规定的极限数值进行比较，以判断其是否符合标准的要求。修约值比较法判断结果以"符合"或"不符合"标准要求表示，见表1-4-4。

表1-4-4　修约值比较法数值判断方法示例

项目	极限值	测定值或计算值	修约值	是否符合标准要求
某样品中铅的质量分数（%）	≤0.05	0.046 0.054 0.055	0.05 0.05 0.06	符合 符合 不符合
某样品中锰的质量分数（%）	0.30～0.60	0.294 0.295 0.605 0.606	0.29 0.30 0.60 0.61	不符合 符合 符合 不符合

由此可见，全数值比较法相对严格。

(三)使用说明

(1)有一类极限数值为绝对极限，写为"≥0.2"和写为"≥0.20"或"≥0.200"时，具有同样的界限上的意义。对此类极限数值，用测定值或其计算值判定是否符合要求，需要用全数值比较法。

(2)对附有极限偏差值的数值，以及涉及安全性能指标和计量仪器中有误差传递的数值或其他重要指标，应优先采用全数值比较法。

(3)标准中各种极限数值（包括带有极限偏差值的数值）未加说明时，均指采用全数值比较法；如规定采用修约值比较法，应在标准中加以注明。

五、食品检验报告

(一)原始记录

原始记录为阐明所取得的结果或提供所完成的活动的一种证据文件。它可为可追溯性提供文件和提供验证、预防措施和纠正措施的证据。

原始记录的填写应符合以下要求。

(1)原始记录必须在检测过程中现场填写,不允许在工作完成后补写。

(2)填写真实、齐全、清楚、准确。准确是指用词、计算、有效位数、计量单位等规范。

(3)内容包括样品来源、名称、编号、采样地点、样品处理方法、包装及保管状况、检验分析项目、采样的分析方法、检验日期、所用试剂的名称和浓度、称量记录、滴定记录等等。

(4)原始记录单应统一编号、专用。用钢笔或圆珠笔填写不得任意涂改、撕页、散失,有效数字要按分析方法规定填写。

(5)修改规范。原始记录填写出现差错时,应遵循记录的更改原则。被更改的原记录仍须清晰可见,不允许涂掉(应采用"杠改法",每一个错误应画2杠)。更改后的值应在被更改值附近,并有更改人签名。电子存储记录更改也必须遵循记录的更改原则,以免原始数据丢失或改动。

(6)原始记录单应统一管理,归档保存,以备查验。未经批准,不得随意向外提供。

原始记录单示例格式见表1-4-5。

表1-4-5 原始记录单示例

编号			
项目			
日期			
方法			
样品		批号	
测定次数	1	2	3
样品质量/g			
定容体积/mL			
滴定管初读数/mL			
滴定管终读数/mL			
消耗体积/mL			
标准溶液浓度/(mol/L)			
计算公式			
结果			

(二)食品检验报告单的填写

检验报告是检验工作的最终体现,是产品质量的凭证,也是产品是否合格的技术根据。因此,检验报告反映的信息和数据必须客观公正、准确可靠,杜绝弄虚作假。检验报告的内容一般应包括产品名称、规格和外观、送检单位、生产单位、生产日期、样品等级、商标、样品数量、采样时间、采样地点、样品收到时间、样品检验时间、检验项目、检验依据及检验方法、检验结果、报告日期、检验员签字、主管负责人签字、检验单位盖章等。一般可设计成表 1-4-6 所示格式。

表 1-4-6 检验报告书示例

产品名称		规格和外观	
送检单位		生产单位	
生产日期		样品等级	
商标		样品数量	
采样时间		采样地点	
样品收到时间	年　月　日	检验开始时间	年　月　日
检验项目			
检验依据及检验方法			
检验结果			
检验者		报告日期	年　月　日
结论			
结论时间			
审核人			

答一答

一、思考题

1. 标准如何分类？在食品检验中可能涉及哪些标准？

2. 食品检验有哪些方法？各种方法的原理是什么？

3. 常用化学药品的使用过程中应注意哪些事项？

4. 精密度与准确度有何区别？

5. 实验中的原始记录填写有什么要求？

二、判断题（下列判断正确的打"√"，错误的打"×"）

1. 质量是一组赋予特性满足要求的程度。

2. 鉴别功能是质量检验各项功能的基础。

3. 抽样就是从整批产品中抽取样品的过程。

4. 实验室内，发生由电路原因引起的火灾，应先灭火，再切断电源。

5. 烘箱正常工作过程中，可随意开启箱门。

6. 天平、滴定管等计量仪器，使用前不必经过计量检定就可使用。

7. 加减砝码必须关闭天平，取放称量物可不关闭。

8. 我国的计量单位就是国际制单位。

9. 误差肯定是一个正值，没有负值。

10. "0"有时不一定是有效数字。

11. 在数字修约时，可以进行多次修约。

12. 全数值比较法比修约值比较法严格。

三、简答题

1. 质量检验有哪些主要功能？

2. 质量检验包括哪些步骤？

3. 食品检验中，有哪些常用的抽样方法？

4. 食品检验中采样的要求是什么？采样的步骤有哪些？

5. 请简述与食品检验相关的法律法规。

6. 实验室常用的称量方法有哪些？各适用于什么情况？

7. 什么是计量？

8. 法定计量单位的主要内容有哪些？

9. 系统误差的来源主要有哪些？

10. 什么是修约值比较法？

11. 当数值出现错误时，如何规范修改？

12. 有一月饼样品，经两次测定，得到脂肪的质量分数为 24.87% 和 24.93%，而脂肪实际质量分数为 25.05%。求测定结果的绝对误差和相对误差。

13. 下列数据中包含几位有效数字？

(1) 0.036 8   (2) 1.205   (3) 0.210   (4) 18×10^{-3}

14.根据有效数字运算规则,计算下列各式:

(1) 2.15×0.853

(2) $0.185 - 0.15$

(3) $0.312 + 0.358\ 4 + 0.14$

(4) $0.68 \div 0.158$

模块 2　食品感官与物理检验

学习目标

1. 能够采用定性描述法评价食品的感官质量；
2. 能够以国家标准及法规为依据检验食品标签；
3. 能够使用仪器检验食品的物理指标；
4. 能正确记录、计算和报告检验结果。

思政目标

1. 培养学生的精益求精的工匠精神；
2. 树立学生质量意识、安全意识、环保意识和规范意识。

想一想

1. 什么是感官检验？
2. 什么是物理检验？

读一读

食品感官检验和物理检验的含义

食品感官检验，是指借助于人的感觉器官对食品的各种质量特征的感觉（如味觉、嗅觉、视觉、听觉、触觉等）用语言、文字或数据进行记录，从而对食品的色、香、味、形、质地、口感等各项指标做出评价。

食品物理检验，是指根据食品的相对密度、折光率、旋光度等物理常数与食品的组成及含量之间的关系进行检验的方法（也称物理测量）。另外，构成食品质量指标的一些物理量（如罐头真空度、面包的比容、液体食品的黏度等）可采用物理检验法直接测定。

项目 2-1　食品感官检验

想一想

1. 感官检验在食品检验中有何地位和作用？
2. 你能对食品的感官质量进行定性描述吗？

读一读

▶ 一、食品感官检验的特点、类型和意义

食品感官检验，是借助于人的感觉器官对食品的各种质量特征的感觉（如味觉、嗅觉、视觉、听觉、触觉等）用语言、文字或数据进行记录，再运用概率统计原理进行统计分析，从而对食品的色、香、味、形、质地、口感等各项指标做出评价。食品感官检验是食品分析检验的一个重要组成部分，是食品进行理化分析的前期首要工作，其特点如下。

（1）能对食品的质量特性进行综合性评价，有利于对食品的可接受性做出判断。

（2）能及时检查出食品的优劣与真伪，准确鉴别出食品质量有无异常，以便早期发现问题并及时进行处理，避免可能造成的食品安全性事故发生。

（3）能觉察出其他检验法所无法鉴别的食品质量发生的微小变化或特殊性污染。如食品中混有杂质、异物，发生霉变、沉淀等，并据此提出必要的理化检验和微生物检验项目。

（4）不需要专门仪器和设备就能进行检验，方法简便、直观。

（5）能反映消费者对食品的偏爱倾向，有利于进行食品的研发和改进。

食品感官检验往往作为食品检验中的第一项目，如果感官检验不合格，即可判定产品不合格，不需要再进行其他项目的检验。

食品感官检验，根据其作用的不同分为分析型感官检验和偏爱型感官检验两种类型。

（1）分析型感官检验：是以人的感觉器官作为一种检验测量的工具，通过感觉来评定样品的质量特性或鉴别多个样品之间的差异等。如原辅料的质量检查、半成品和产品的质量

检查以及产品评优等均属于这种类型。

由于分析型感官检验是通过人的感觉来进行检测的,因此,为了降低个人感觉之间差异的影响,提高检测的重现性,以获得高精度的测定结果,必须注意评价基准的标准化、试验条件的规范化和评价员的素质选定。

(2)偏爱型感官检验:与分析型感官检验相反,它是以样品为工具来了解人的感官反应及倾向。如在新产品开发中对试制品的评价,或在市场调查中使用的感官检查均属此类型。

偏爱型感官检验不需要统一的评价标准及条件,而依赖于人们的生理及心理上的综合感觉,即人的感觉程度和主观判断起着决定性作用,其检验结果受生活环境、生活习惯、审美观点等多方面因素的影响而因人、因时、因地而异。可见,分析型感官检验是评价员对食品的客观评价,而偏爱型感官检验完全是一种主观的行为,它反映的是不同群体的偏爱倾向,故有助于食品的开发、研制和生产。

总之,感官检验对食品工业原辅材料、半成品和成品的质量检验、生产过程的控制、产品品质的研究、市场调查以及新产品开发等方面都具有重要的指导意义。

▶ 二、食品感官评价方法

食品感官评价通常包括视觉、嗅觉、味觉、听觉和触觉评价。

视觉评价应在自然光或类似自然光下进行,避免光线暗弱或光线直接射入眼睛而造成视觉疲劳。先检查整体外形及外包装,再检查内容物。对于透明包装的瓶装液体食品,须将瓶颠倒,检查是否有杂质下沉或絮状物悬浮,再开启倒入无色玻璃器皿中透过光线观察。

进行嗅觉检查和评价时,食品离鼻子应有一定距离,可用手掌在食品上方轻轻扇动,然后轻轻地吸气辨别。最后将食品送入口中,通过咀嚼或吞咽,使香气进入鼻腔,再一次体会气味特点。通常以被测样品和标准样品之间的相对差别来评判嗅觉响应强度。在两次试验之间以新鲜空气作为稀释气体,使得鼻腔内嗅觉气体浓度迅速下降。为避免嗅觉疲劳,嗅觉检查应由淡到浓,且数量不宜过多,延续时间也应尽可能缩短。

进行味觉评价前半小时,评价员不能吸烟或吃刺激性强的食品,以免降低味觉的灵敏性。评价时取出少量被检食品,放入口中,细心咀嚼、品尝。每品尝一种食品后必须用温水漱口,再检验第二个样品。几种不同味道的食品在进行感官评价时,应当按照刺激性由弱到强的顺序,最后鉴别味道强烈的食品。在进行大量样品鉴别时,中间必须休息。

听觉与食品的感官质量有一定联系,利用听觉进行感官检验的应用范围十分广泛。根据食品的质感特别是咀嚼食品时发出的声音,可判断食品质量的优劣。如焙烤制品的酥脆薄饼、爆玉米花和某些膨化制品,在咀嚼时应该发出特有的声音,否则可认为质量已发生变化。对于同一物品,当受到外来机械敲击时,应发出相同的声音。但当其中的一些成分、结构发生变化后,会导致原有的声音发生一些变化,据此可用于检查许多产品的质量。如敲打罐头的罐盖,用听觉检查其质量,生产中称之为打检,即从敲打发出的声音来判断罐头真空度的高低、内容物的多少和封口的紧密程度等。

触觉评价是通过人的手、皮肤表面接触物体时所产生的感觉来分辨、判断产品质量特性的一种感官评价。通过触摸食品时的手感可判断食品的粗糙度、光滑度、软硬、柔性、弹性、韧性、塑性、冷热、潮湿、干燥、黏稠等;通过口感可判断食品的硬度、黏度、弹性、酥性、脆性、韧性、附着力、润滑感、粗糙感、冷感、热感、细腻感、咀嚼性、胶性等。如根据鱼体肌肉的硬度和弹性,可以判断鱼是否新鲜或腐败;评价动物油脂的品质时,常需鉴别其稠度等。触觉的评价,往往与视觉、听觉配合进行。

▶ 三、食品感官检验的条件

食品的感官检验既受客观条件影响,也受主观条件的影响。因此,食品感官检验对评价员、样品制备和试验条件有一定要求,以保证感官检验结果的准确性、可靠性和重现性。

1. 评价员的基本要求

分析型感官检验和偏爱型感官检验对评价员的要求不同。

(1)分析型感官检验:以进行工艺检查、判断原料或半成品及成品是否合格、检查几种样品的质量是否有差别为目的。要求评价员能对样品之间的微妙差异敏感,当重复同样检验时仍可做出相同结果,并无误地用文字表达其判断的结论。因此,分析型感官检验的评价员必须具备一定的条件并经过培训挑选。

(2)偏爱型感官检验:以了解是否为一般人所喜好为目的,对食品进行可接受性评价。偏爱型感官检验的评价员不需要具备特别的感觉敏感性,可由任意的未经训练的人组成,人数不少于 100 人。这些人必须在统计学上能代表消费者总体,以保证试验结果具有代表性和可靠性。

2. 试验条件要求

规范的感官检验室应隔音和整洁,不受外界干扰,无异味,色调自然,给评价员以舒适感,有利于集中注意力。

感官实验室应布置 3 个独立的区域:办公室、样品准备室和检验室。

办公室用于工作人员管理事务。

样品准备室用于准备和提供样品。样品准备室应与检验室完全隔开,以防止样品气味传入检验室和避免评价员见到样品的准备过程。室内应设有排风系统。

检验室用于进行感官评价,室内墙壁宜用白色涂料,以免颜色太深影响人的情绪。室内应分隔成几个间隔,以避免评价员互相之间的干扰(如交谈、面部表情等)。每一间隔内设有检验台和传递样品的小窗口,以及简易的通讯装置、漱洗盘和水龙头。检验室还应设集体工作区,用于评价员之间的讨论。

▶ 四、样品的准备

1. 样品数量

每种样品应该有足够的数量,保证有 3 次以上的品尝次数,以提高试验结果的可靠性。

2. 样品温度

样品温度应恒定和适当,通常由该食品的饮食习惯来决定,以利于获得稳定的评价结果。如评价啤酒的最佳温度为 $11\sim15℃$，食用油为 $55℃$。因此，在试验中，可采用事先制备好样品保存在恒温箱内，然后统一呈送，从而保证样品温度恒定和均一。

3.器皿

盛放样品所用器皿应符合试验要求，同一试验内所用器皿最好外形、颜色和大小相同。器皿本身应无气味或异味。通常采用玻璃或陶瓷器皿，也可采用一次性塑料或纸塑杯、盘。试验器皿和用具的清洗应慎重选择洗涤剂。不应使用会遗留气味的洗涤剂。清洗时应小心清洗干净，并用不会给器皿留下毛屑的布或毛巾擦拭干净，以免影响下次使用。

4.样品编号

所有呈送给评价员的样品都应适当编号。样品编号工作应由试验组织者或样品制备工作人员进行，试验前不能告知评价员编号的含义或给予任何暗示。可以用数字、拉丁字母或字母和数字结合的方式对样品进行编号。用数字编号时，最好采用三位数的随机数字（如467、503、384 等）。用字母编号时应避免按字母顺序编号或选择喜好感较强的字母（如最常用字母、相邻字母等）进行编号。同次试验中所用编号位数应相同。同一样品应编几个不同号码，以保证每个评价员所拿到的样品编号不重复。

5.样品的摆放顺序

呈送给评价员的样品摆放顺序也会对感官评价试验结果产生影响。这种影响涉及两个方面：一是在比较两个与客观顺序无关的刺激时，常常会过高地评价最初刺激或第二刺激，即所谓顺序效应；二是在评价员较难判断样品间差别时，往往会多次选择放在特定位置上的样品。如在三点检验法中选择摆在中间的样品。因此，在给评价员呈送样品时，应注意让样品在每个位置上出现的概率相同或采用圆形摆放法。

6.其他

检验室里还应为评价员准备一杯温水，用于漱口，以便除去口中样品的余味，然后再接着品尝下一个样品。

此外，感官评价的试验时间宜在评价员饭后 $2\sim3$ h 内进行，避免其过饱或饥饿状态；并要求评价员在试验前半小时内不得吸烟和吃刺激性强的食物。

▶ 五、食品感官质量的定性描述

目前，我国对食品的感官指标主要采用定性描述法。现以橙汁及橙汁饮料（GB/T 21731—2008）、植物蛋白饮料　豆奶（豆浆）和豆奶饮料（QB/T 2132—2008）以及面包（GB/T 20981—2007）为例，说明如何对产品的感官质量进行定性描述，见表2-1-1～表2-1-3。

表 2-1-1 橙汁及橙汁饮料感官要求（GB/T 21731—2008）

项目	特性
状态	呈均匀液状，允许有果肉或囊胞沉淀
色泽	具有橙汁应有的色泽，允许有轻微褐变
气味与滋味	具有橙汁应有的香气及滋味，无异味
杂质	无可见外来杂质

表 2-1-2 植物蛋白饮料 豆奶（豆浆）和豆奶饮料感官要求（QB/T 2132—2008）

项目	特性
外观	具有反映产品特点的外观及色泽，允许有少量沉淀和脂肪上浮，无正常视力可见外来杂质
气味与滋味	具有豆奶以及所添加辅料应有的气味与滋味，无异味

表 2-1-3 面包感官要求（GB/T 20981—2007）

项目	软式面包	硬式面包	起酥面包	调理面包	其他面包
形态	完整，丰满，无黑泡或明显焦斑，形状应与品种造型相符	表皮有裂口，完整，丰满，无黑泡或明显焦斑，形状应与品种造型相符	丰满，多层，无黑泡或明显焦斑，光洁，形状应与品种造型相符	完整，丰满，无黑泡或明显焦斑，形状应与品种造型相符	符合产品应有的形态
表面色泽	金黄色、淡棕色或棕灰色，色泽均匀、正常				
组织	细腻，有弹性，气孔均匀，纹理清晰，呈海绵状，切片后不断裂	紧密，有弹性	有弹性，多孔，纹理清晰，层次分明	细腻，有弹性，气孔均匀，纹理清晰，呈海绵状	符合产品应有的组织
滋味与口感	具有发酵和烘烤后的面包香味，松软适口，无异味	耐咀嚼，无异味	表皮酥脆，内质松软，口感酥香，无异味	具有品种应有的滋味与口感，无异味	符合产品应有的滋味与口感，无异味
杂质	正常视力无可见的外来异物				

项目 2-2　食品标签检验

任务 2-2-1　国产食品标签检验

想一想

1. 食品标签是指什么？
2. 一般根据什么来检验食品标签？

读一读

一、食品标签的定义

食品标签是预包装食品包装上的文字、图形、符号以及一切说明物。凡在各国市场上销售给最终消费者的本国生产和进口的预包装食品，都应具有食品标签。

食品标签作为沟通食品生产者、销售者和消费者的一种信息传播手段，能够使消费者通过食品标签标注的内容来识别食品、保护自我安全卫生和指导自己的消费。根据食品标签上提供的专门信息，有关行政管理部门可以据此确认该食品是否符合有关法律、法规的要求，保护广大消费者的健康和利益，维护食品生产者、经销者的合法权益，保障正当竞争的促销手段。

二、国产食品标签检验的依据

（一）食品安全国家标准 预包装食品标签通则（GB 7718—2011）

1　范围

本标准适用于直接提供给消费者的预包装食品标签和非直接提供给消费者的

预包装食品标签。

本标准不适用于为预包装食品在储藏运输过程中提供保护的食品储运包装标签、散装食品和现制现售食品的标识。

2 术语和定义

2.1 预包装食品

预先定量包装或者制作在包装材料和容器中的食品,包括预先定量包装以及预先定量制作在包装材料和容器中并且在一定量限范围内具有统一的质量或体积标识的食品。

2.2 食品标签

食品包装上的文字、图形、符号及一切说明物。

2.3 配料

在制造或加工食品时使用的,并存在(包括以改性的形式存在)于产品中的任何物质,包括食品添加剂。

2.4 生产日期(制造日期)

食品成为最终产品的日期,也包括包装或灌装日期,即将食品装入(灌入)包装物或容器中,形成最终销售单元的日期。

2.5 保质期

预包装食品在标签指明的贮存条件下,保持品质的期限。在此期限内,产品完全适于销售,并保持标签中不必说明或已经说明的特有品质。

2.6 规格

同一预包装内含有多件预包装食品时,对净含量和内含件数关系的表述。

2.7 主要展示版面

预包装食品包装物或包装容器上容易被观察到的版面。

3 基本要求

3.1 应符合法律、法规的规定,并符合相应食品安全标准的规定。

3.2 应清晰、醒目、持久,应使消费者购买时易于辨认和识读。

3.3 应通俗易懂、有科学依据,不得标示封建迷信、色情、贬低其他食品或违背营养科学常识的内容。

3.4 应真实、准确,不得以虚假、夸大、使消费者误解或欺骗性的文字、图形等方式介绍食品,也不得利用字号大小或色差误导消费者。

3.5 不应直接或以暗示性的语言、图形、符号,误导消费者将购买的食品或食品的某一性质与另一产品混淆。

3.6 不应标注或者暗示具有预防、治疗疾病作用的内容,非保健食品不得明示或者暗示具有保健作用。

3.7 不应与食品或者其包装物(容器)分离。

3.8 应使用规范的汉字(商标除外)。具有装饰作用的各种艺术字,应书写正确,易于辨认。

3.8.1 可以同时使用拼音或少数民族文字,拼音不得大于相应汉字。

3.8.2 可以同时使用外文,但应与中文有对应关系(商标、进口食品的制造者和地址、国外经销者的名称和地址、网址除外)。所有外文不得大于相应的汉字(商标除外)。

3.9 预包装食品包装物或包装容器最大表面面积大于 35 cm² 时(最大表面面积计算方法见附录 A-1),强制标示内容的文字、符号、数字的高度不得小于 1.8 mm。

3.10 一个销售单元的包装中含有不同品种、多个独立包装可单独销售的食品,每件独立包装的食品标识应当分别标注。

3.11 若外包装易于开启识别或透过外包装物能清晰地识别内包装物(容器)上的所有强制标示内容或部分强制标示内容,可不在外包装物上重复标示相应的内容;否则应在外包装物上按要求标示所有强制标示内容。

4 标示内容

4.1 直接向消费者提供的预包装食品标签标示内容

4.1.1 一般要求

直接向消费者提供的预包装食品标签标示应包括食品名称、配料表、净含量和规格、生产者和(或)经销者的名称、地址和联系方式、生产日期和保质期、贮存条件、食品生产许可证编号、产品标准代号及其他需要标示的内容。

4.1.2 食品名称

4.1.2.1 应在食品标签的醒目位置,清晰地标示反映食品真实属性的专用名称。

4.1.2.1.1 当国家标准、行业标准或地方标准中已规定了某食品的一个或几个名称时,应选用其中的一个,或等效的名称。

4.1.2.1.2 无国家标准、行业标准或地方标准规定的名称时,应使用不使消费者误解或混淆的常用名称或通俗名称。

4.1.2.2 标示"新创名称""奇特名称""音译名称""牌号名称""地区俚语名称"或"商标名称"时,应在所示名称的同一展示版面标示 4.1.2.1 规定的名称。

4.1.2.2.1 当"新创名称""奇特名称""音译名称""牌号名称""地区俚语名称"或"商标名称"含有易使人误解食品属性的文字或术语(词语)时,应在所示名称的同一展示版面邻近部位使用同一字号标示食品真实属性的专用名称。

4.1.2.2.2 当食品真实属性的专用名称因字号或字体颜色不同易使人误解食品属性时,也应使用同一字号及同一字体颜色标示食品真实属性的专用名称。

4.1.2.3 为不使消费者误解或混淆食品的真实属性、物理状态或制作方法,可以在食品名称前或食品名称后附加相应的词或短语。如干燥的、浓缩的、复原的、熏制的、油炸的、粉末的、粒状的等。

4.1.3 配料表

4.1.3.1 预包装食品的标签上应标示配料表,配料表中的各种配料应按 4.1.2 的要求标示具体名称,食品添加剂按照 4.1.3.1.4 的要求标示名称。

4.1.3.1.1 配料表应以"配料"或"配料表"为引导词。当加工过程中所用的原料已改变为其他成分(如酒、酱油、食醋等发酵产品)时,可用"原料"或"原料与辅料"代替"配料""配料表",并按本标准相应条款的要求标示各种原料、辅料和食品添加剂。加工助剂不需要标示。

4.1.3.1.2 各种配料应按制造或加工食品时加入量的递减顺序一一排列;加入量不超过 2% 的配料可以不按递减顺序排列。

4.1.3.1.3 如果某种配料是由两种或两种以上的其他配料构成的复合配料(不包括复合食品添加剂),应在配料表中标示复合配料的名称,随后将复合配料的原始配料在括号内按加入量的递减顺序标示。当某种复合配料已有国家标准、行业标准或地方标准,且其加入量小于食品总量的 25% 时,不需要标示复合配料的原始配料。

4.1.3.1.4 食品添加剂应当标示其在 GB 2760—2014 中的食品添加剂通用名称。食品添加剂通用名称可以标示为食品添加剂的具体名称,也可标示为食品添加剂的功能类别名称并同时标示食品添加剂的具体名称或国际编码(INS 号)(标示形式见附录 B-1)。在同一预包装食品的标签上,应选择附录 B 中的一种形式标示食品添加剂。当采用同时标示食品添加剂的功能类别名称和国际编码的形式时,若某种食品添加剂尚不存在相应的国际编码,或因致敏物质标示需要,可以标示其具体名称。食品添加剂的名称不包括其制法。加入量小于食品总量 25% 的复合配料中含有的食品添加剂,若符合 GB 2760 规定的带入原则且在最终产品中不起工艺作用的,不需要标示。

4.1.3.1.5 在食品制造或加工过程中,加入的水应在配料表中标示。在加工过程中已挥发的水或其他挥发性配料不需要标示。

4.1.3.1.6 可食用的包装物也应在配料表中标示原始配料,国家另有法律法规规定的除外。

4.1.3.2 下列食品配料,可以选择按表 2-2-1 的方式标示。

表 2-2-1 配料标示方式

配料类别	归属名称
各种植物油或精炼植物油,不包括橄榄油	"植物油"或"精炼植物油";如经过氢化处理,应标示为"氢化"或"部分氢化"
各种淀粉,不包括化学改性淀粉	"淀粉"
加入量不超过 2% 的各种香辛料或香辛料浸出物(单一的或合计的)	"香辛料""香辛料类"或"复合香辛料"
胶基糖果的各种胶基物质制剂	"胶姆糖基础剂""胶基"
添加量不超过 10% 的各种果脯蜜饯水果	"蜜饯""果脯"
食用香精、香料	"食用香精""食用香料""食用香精香料"

4.1.4 配料的定量标示

4.1.4.1 如果在食品标签或食品说明书上特别强调添加了或含有一种或多种有价值、有特性的配料或成分,应标示所强调配料或成分的添加量或在成品中的含量。

4.1.4.2 如果在食品的标签上特别强调一种或多种配料或成分的含量较低或无时,应标示所强调配料或成分在成品中的含量。

4.1.4.3 食品名称中提及的某种配料或成分而未在标签上特别强调,不需要标示该种配料或成分的添加量或在成品中的含量。

4.1.5 净含量和规格

4.1.5.1 净含量的标示应由净含量、数字和法定计量单位组成(标示形式参见附录C-1)。

4.1.5.2 应依据法定计量单位,按以下形式标示包装物(容器)中食品的净含量:

    a)液态食品,用体积升(L)(l)、毫升(mL)(ml),或用质量克(g)、千克(kg);

    b)固态食品,用质量克(g)、千克(kg);

    c)半固态或黏性食品,用质量克(g)、千克(kg)或体积升(L)(l)、毫升(mL)(ml)。

4.1.5.3 净含量的计量单位应按表2-2-2标示。

表2-2-2　净含量计量单位的标示方式

计量方式	净含量 Q 范围	计量单位
体积	$Q<1\ 000$ mL $Q\geqslant1\ 000$ mL	毫升(mL)(ml) 升(L)(l)
质量	$Q<1\ 000$ g $Q\geqslant1\ 000$ g	克(g) 千克(kg)

4.1.5.4 净含量字符的最小高度应符合表2-2-3的规定。

表2-2-3　净含量字符的最小高度

净含量 Q 范围	字符的最小高度/mm
$Q\leqslant50$ mL;$Q\leqslant50$ g	2
50 mL$<Q\leqslant200$ mL;50 g$<Q\leqslant200$ g	3
200 mL$<Q\leqslant1$ L;200 g$<Q\leqslant1$ kg	4
$Q>1$ kg;$Q>1$ L	6

4.1.5.5 净含量应与食品名称在包装物或容器的同一展示版面标示。

4.1.5.6 容器中含有固、液两相物质的食品,且固相物质为主要食品配料时,除标示净含量外,还应以质量或质量分数的形式标示沥干物(固形物)的含量(标示形式参见附录C-1)。

4.1.5.7 同一预包装内含有多个单件预包装食品时,大包装在标示净含量的同时还应标示规格。

4.1.5.8 规格的标示应由单件预包装食品净含量和件数组成,或只标示件数,可不标示"规格"二字。单件预包装食品的规格即指净含量(标示形式参见附录 C-1)。

4.1.6　生产者、经销者的名称、地址和联系方式

4.1.6.1　应当标注生产者的名称、地址和联系方式。生产者名称和地址应当是依法登记注册、能够承担产品安全质量责任的生产者的名称、地址。有下列情形之一的,应按下列要求予以标示。

4.1.6.1.1　依法独立承担法律责任的集团公司、集团公司的子公司,应标示各自的名称和地址。

4.1.6.1.2　不能依法独立承担法律责任的集团公司的分公司或集团公司的生产基地,应标示集团公司和分公司(生产基地)的名称、地址;或仅标示集团公司的名称、地址及产地,产地应当按照行政区划标注到地市级地域。

4.1.6.1.3　受其他单位委托加工预包装食品的,应标示委托单位和受委托单位的名称和地址;或仅标示委托单位的名称和地址及产地,产地应当按照行政区划标注到地市级地域。

4.1.6.2　依法承担法律责任的生产者或经销者的联系方式应标示以下至少一项内容:电话、传真、网络联系方式等,或与地址一并标示的邮政地址。

4.1.6.3　进口预包装食品应标示原产国国名或地区区名(如香港、澳门、台湾),以及在中国依法登记注册的代理商、进口商或经销者的名称、地址和联系方式,可不标示生产者的名称、地址和联系方式。

4.1.7　日期标示

4.1.7.1　应清晰标示预包装食品的生产日期和保质期。如日期标示采用"见包装物某部位"的形式,应标示所在包装物的具体部位。日期标示不得另外加贴、补印或篡改(标示形式参见附录 C-1)。

4.1.7.2　当同一预包装内含有多个标示了生产日期及保质期的单件预包装食品时,外包装上标示的保质期应按最早到期的单件食品的保质期计算。外包装上标示的生产日期应为最早生产的单件食品的生产日期,或外包装形成销售单元的日期;也可在外包装上分别标示各单件装食品的生产日期和保质期。

4.1.7.3　应按年、月、日的顺序标示日期,如果不按此顺序标示,应注明日期标示顺序(标示形式参见附录 C-1)。

4.1.8　贮存条件

预包装食品标签应标示贮存条件(标示形式参见附录 C-1)。

4.1.9　食品生产许可证编号

预包装食品标签应标示食品生产许可证编号的,标示形式按照相关规定执行。

4.1.10　产品标准代号

在国内生产并在国内销售的预包装食品(不包括进口预包装食品)应标示产品所执行的标准代号和顺序号。

4.1.11　其他标示内容

4.1.11.1　辐照食品

4.1.11.1.1　经电离辐射线或电离能量处理过的食品,应在食品名称附近标示"辐

照食品"。

4.1.11.1.2 经电离辐射线或电离能量处理过的任何配料,应在配料表中标明。

4.1.11.2 转基因食品

转基因食品的标示应符合相关法律、法规的规定。

4.1.11.3 营养标签

4.1.11.3.1 特殊膳食类食品和专供婴幼儿的主辅类食品,应当标示主要营养成分及其含量,标示方式按照 GB 13432—2013 执行。

4.1.11.3.2 其他预包装食品如需标示营养标签,标示方式参照相关法规标准执行。

4.1.11.4 质量(品质)等级

食品所执行的相应产品标准已明确规定质量(品质)等级的,应标示质量(品质)等级。

4.2 非直接提供给消费者的预包装食品标签标示内容

非直接提供给消费者的预包装食品标签应按照 4.1 项下的相应要求标示食品名称、规格、净含量、生产日期、保质期和贮存条件,其他内容如未在标签上标注,则应在说明书或合同中注明。

4.3 标示内容的豁免

4.3.1 下列预包装食品可以免除标示保质期:酒精度大于等于 10% 的饮料酒;食醋;食用盐;固态食糖类;味精。

4.3.2 当预包装食品包装物或包装容器的最大表面面积小于 $10 \ \mathrm{cm^2}$ 时(最大表面面积计算方法见附录 A-1),可以只标示产品名称、净含量、生产者(或经销商)的名称和地址。

4.4 推荐标示内容

4.4.1 批号

根据产品需要,可以标示产品的批号。

4.4.2 食用方法

根据产品需要,可以标示容器的开启方法、食用方法、烹调方法、复水再制方法等对消费者有帮助的说明。

4.4.3 致敏物质

4.4.3.1 以下食品及其制品可能导致过敏反应,如果用作配料,宜在配料表中使用易辨识的名称,或在配料表邻近位置加以提示:

a)含有麸质的谷物及其制品(如小麦、黑麦、大麦、燕麦、斯佩耳特小麦或它们的杂交品系);

b)甲壳纲类动物及其制品(如虾、龙虾、蟹等);

c)鱼类及其制品;

d)蛋类及其制品;

e)花生及其制品;

f)大豆及其制品;

g)乳及乳制品(包括乳糖);

h)坚果及其果仁类制品。

4.4.3.2　如加工过程中可能带入上述食品或其制品,宜在配料表临近位置加以提示。

5　其他

按国家相关规定需要特殊审批的食品,其标签标识按照相关规定执行。

附录 A-1
包装物或包装容器最大表面面积计算方法

A.1　长方体形包装物或长方体形包装容器计算方法

长方体形包装物或长方体形包装容器的最大一个侧面的高度(cm)乘以宽度(cm)。

A.2　圆柱形包装物、圆柱形包装容器或近似圆柱形包装物、近似圆柱形包装容器计算方法

包装物或包装容器的高度(cm)乘以圆周长(cm)的40%。

A.3　其他形状的包装物或包装容器计算方法

包装物或包装容器的总表面积的40%。

如果包装物或包装容器有明显的主要展示版面,应以主要展示版面的面积为最大表面面积。

包装袋等计算表面面积时应除去封边所占尺寸。瓶形或罐形包装计算表面面积时不包括肩部、颈部、顶部和底部的凸缘。

附录 B-1
食品添加剂在配料表中的标示形式

B.1　按照加入量的递减顺序全部标示食品添加剂的具体名称

配料:水,全脂奶粉,稀奶油,植物油,巧克力(可可液块,白砂糖,可可脂,磷脂,聚甘油蓖麻醇酯,食用香精,柠檬黄),葡萄糖浆,丙二醇脂肪酸酯,卡拉胶,瓜尔胶,胭脂树橙,麦芽糊精,食用香料。

B.2　按照加入量的递减顺序全部标示食品添加剂的功能类别名称及国际编码

配料:水,全脂奶粉,稀奶油,植物油,巧克力[可可液块,白砂糖,可可脂,乳化剂(322,476),食用香精,着色剂(102)],葡萄糖浆,乳化剂(477),增稠剂(407,412),着色剂(160b),麦芽糊精,食用香料。

B.3　按照加入量的递减顺序全部标示食品添加剂的功能类别名称及具体名称

配料:水,全脂奶粉,稀奶油,植物油,巧克力[可可液块,白砂糖,可可脂,乳化剂(磷脂,聚甘油蓖麻醇酯),食用香精,着色剂(柠檬黄)],葡萄糖浆,乳化剂(丙二醇脂肪酸酯),增稠剂(卡拉胶,瓜尔胶),着色剂(胭脂树橙),麦芽糊精,食用香料。

B.4 建立食品添加剂项一并标示的形式

B.4.1 一般原则

直接使用的食品添加剂应在食品添加剂项中标注。营养强化剂、食用香精香料、胶基糖果中基础剂物质可在配料表的食品添加剂项外标注。非直接使用的食品添加剂不在食品添加剂项中标注。食品添加剂项在配料表中的标注顺序由需纳入该项的各种食品添加剂的总重量决定。

B.4.2 全部标示食品添加剂的具体名称

配料:水,全脂奶粉,稀奶油,植物油,巧克力(可可液块,白砂糖,可可脂,磷脂,聚甘油蓖麻醇酯,食用香精,柠檬黄),葡萄糖浆,食品添加剂(丙二醇脂肪酸酯,卡拉胶,瓜尔胶,胭脂树橙),麦芽糊精,食用香料。

B.4.3 全部标示食品添加剂的功能类别名称及国际编码

配料:水,全脂奶粉,稀奶油,植物油,巧克力[可可液块,白砂糖,可可脂,乳化剂(322,476),食用香精,着色剂(102)],葡萄糖浆,食品添加剂[乳化剂(477),增稠剂(407,412),着色剂(160b)],麦芽糊精,食用香料。

B.4.4 全部标示食品添加剂的功能类别名称及具体名称

配料:水,全脂奶粉,稀奶油,植物油,巧克力[可可液块,白砂糖,可可脂,乳化剂(磷脂,聚甘油蓖麻醇酯),食用香精,着色剂(柠檬黄)],葡萄糖浆,食品添加剂(乳化剂(丙二醇脂肪酸酯),增稠剂(卡拉胶,瓜尔胶),着色剂(胭脂树橙),麦芽糊精,食用香料。

附录 C-1
部分标签项目的推荐标示形式

C.1 概述

本附录以示例形式提供了预包装食品部分标签项目的推荐标示形式,标示相应项目时可选用但不限于这些形式。如需要根据食品特性或包装特点等对推荐形式调整使用的,应与推荐形式基本涵义保持一致。

C.2 净含量和规格的标示

为方便表述,净含量的示例统一使用质量为计量方式,使用冒号为分隔符。标签上应使用实际产品适用的计量单位,并可根据实际情况选择空格或其他符号作为分隔符,便于识读。

C.2.1 单件预包装食品的净含量(规格)可以有如下标示形式:

净含量(或净含量/规格):450 g;

净含量(或净含量/规格):225 g(200 g+送 25 g);

净含量(或净含量/规格):200 g＋赠 25 g;

净含量(或净含量/规格):(200＋25) g。

C.2.2　净含量和沥干物(固形物)可以有如下标示形式(以"糖水梨罐头"为例):

净含量(或净含量/规格):425 g 沥干物(或固形物或梨块):不低于 255 g(或不低于 60%)。

C.2.3　同一预包装内含有多件同种类的预包装食品时,净含量和规格均可以有如下标示形式:

净含量(或净含量/规格):40 g×5;

净含量(或净含量/规格):5×40 g;

净含量(或净含量/规格):200 g(5×40 g);

净含量(或净含量/规格):200 g(40 g×5);

净含量(或净含量/规格):200 g(5 件);

净含量:200 克规格:5×40 g;

净含量:200 克规格:40 g×5;

净含量:200 克规格:5 件;

净含量(或净含量/规格):200 g(100 g＋ 50 g×2);

净含量(或净含量/规格):200 g(80 g×2＋40 g);

净含量:200 g 规格:100 g＋50 g×2;

净含量:200 g 规格:80 g×2＋40 g。

C.2.4　同一预包装内含有多件不同种类的预包装食品时,净含量和规格可以有如下标示形式:

净含量(或净含量/规格):200 g(A 产品 40 g×3,B 产品 40 g×2);

净含量(或净含量/规格):200 g(40 g×3,40 g×2);

净含量(或净含量/规格):100 g A 产品,50 g×2B 产品,50 g C 产品;

净含量(或净含量/规格):A 产品:100 g,B 产品:50 g×2,C 产品:50 g;

净含量 /规格:100 g(A 产品),50 g×2(B 产品),50 g(C 产品);

净含量/规格:A 产品 100 g,B 产品 50 g×2,C 产品 50 g。

C.3　日期的标示

日期中年、月、日可用空格、斜线、连字符、句点等符号分隔,或不用分隔符。年代号一般应标示 4 位数字,小包装食品也可以标示 2 位数字。月、日应标示 2 位数字。

日期的标示可以有如下形式:

2010 年 3 月 20 日;

2010 03 20;2010/03/20;20100320;

20 日 3 月 2010 年;3 月 20 日 2010 年;

(月/日/年):03 2020 10;03/20/2010;03202010。

C.4　保质期的标示

保质期可以有如下标示形式:

最好在……之前食(饮)用;……之前食(饮)用最佳;……之前最佳;

此日期前最佳……;此日期前食(饮)用最佳……;

保质期(至)……;保质期××个月(或××日,或××天,或××周,或×年)。

C.5 贮存条件的标示

贮存条件可以标示"贮存条件""贮藏条件""贮藏方法"等标题,或不标示标题。

贮存条件可以有如下标示形式:

常温(或冷冻,或冷藏,或避光,或阴凉干燥处)保存;

××−××℃保存;

请置于阴凉干燥处;

常温保存,开封后需冷藏;

温度:≤××℃,湿度:≤××％。

(二)食品安全国家标准 预包装食品营养标签通则(GB 28050—2011)

1 范围

本标准适用于预包装食品营养标签上营养信息的描述和说明。

本标准不适用于保健食品及预包装特殊膳食用食品的营养标签标示。

2 术语和定义

2.1 营养标签

预包装食品标签上向消费者提供食品营养信息和特性的说明,包括营养成分表、营养声称和营养成分功能声称。营养标签是预包装食品标签的一部分。

2.2 营养素

食物中具有特定生理作用,能维持机体生长、发育、活动、繁殖以及正常代谢所需的物质,包括蛋白质、脂肪、碳水化合物、矿物质及维生素等。

2.3 营养成分

食品中的营养素和除营养素以外的具有营养和(或)生理功能的其他食物成分。各营养成分的定义可参照 GB/Z 21922—2008《食品营养成分基本术语》。

2.4 核心营养素

营养标签中的核心营养素包括蛋白质、脂肪、碳水化合物和钠。

2.5 营养成分表

标有食品营养成分名称、含量和占营养素参考值(NRV)百分比的规范性表格。

2.6 营养素参考值(NRV)

专用于食品营养标签,用于比较食品营养成分含量的参考值。

2.7 营养声称

对食品营养特性的描述和声明,如能量水平、蛋白质含量水平。营养声称包括含量声称和比较声称。

2.7.1 含量声称

描述食品中能量或营养成分含量水平的声称。声称用语包括"含有""高""低"或"无"等。

2.7.2 比较声称

与消费者熟知的同类食品的营养成分含量或能量值进行比较以后的声称。声称用语包括"增加"或"减少"等。

2.8 营养成分功能声称

某营养成分可以维持人体正常生长、发育和正常生理功能等作用的声称。

2.9 修约间隔

修约值的最小数值单位。

2.10 可食部

预包装食品净含量去除其中不可食用的部分后的剩余部分。

3 基本要求

3.1 预包装食品营养标签标示的任何营养信息,应真实、客观,不得标示虚假信息,不得夸大产品的营养作用或其他作用。

3.2 预包装食品营养标签应使用中文。如同时使用外文标示的,其内容应当与中文相对应,外文字号不得大于中文字号。

3.3 营养成分表应以一个"方框表"的形式表示(特殊情况除外),方框可为任意尺寸,并与包装的基线垂直,表题为"营养成分表"。

3.4 食品营养成分含量应以具体数值标示,数值可通过原料计算或产品检测获得。各营养成分的营养素参考值(NRV)见附录 A-2。

3.5 营养标签的格式见附录 B-2,食品企业可根据食品的营养特性、包装面积的大小和形状等因素选择使用其中的一种格式。

3.6 营养标签应标在向消费者提供的最小销售单元的包装上。

4 强制标示内容

4.1 所有预包装食品营养标签强制标示的内容包括能量、核心营养素的含量值及其占营养素参考值(NRV)的百分比。当标示其他成分时,应采取适当形式使能量和核心营养素的标示更加醒目。

4.2 对除能量和核心营养素外的其他营养成分进行营养声称或营养成分功能声称时,在营养成分表中还应标示出该营养成分的含量及其占营养素参考值(NRV)的百分比。

4.3 使用了营养强化剂的预包装食品,除4.1的要求外,在营养成分表中还应标示强化后食品中该营养成分的含量值及其占营养素参考值(NRV)的百分比。

4.4 食品配料含有或生产过程中使用了氢化和(或)部分氢化油脂时,在营养成分表中还应标示出反式脂肪(酸)的含量。

4.5 上述未规定营养素参考值(NRV)的营养成分仅需标示含量。

5 可选择标示内容

5.1 除上述强制标示内容外,营养成分表中还可选择标示表2-2-4中的其他成分。

5.2 当某营养成分含量标示值符合附录C-2中表2-2-7的含量要求和限制性条件时,可对该成分进行含量声称,声称方式见表2-2-7。当某营养成分含量满足附录C-2中表2-2-9的要求和条件时,可对该成分进行比较声称,声称方式见表2-2-9。当某营养成分同时符合含量声称和比较声称的要求时,可以同时使用两种声称方式,或仅使用含量声称。含量声称和比较声称的同义语见附录C-2中表2-2-8和表2-2-10。

5.3 当某营养成分的含量标示值符合含量声称或比较声称的要求和条件时,可使用附录D-2中相应的一条或多条营养成分功能声称标准用语。不应对功能声称用语进行任何形式的删改、添加和合并。

6 营养成分的表达方式

6.1 预包装食品中能量和营养成分的含量应以每100克(g)和(或)每100毫升(mL)和(或)每份食品可食部中的具体数值来标示。当用份标示时,应标明每份食品的量。份的大小可根据食品的特点或推荐量规定。

6.2 营养成分表中强制标示和可选择性标示的营养成分的名称和顺序、标示单位、修约间隔、"0"界限值应符合表2-2-4的规定。当不标示某一营养成分时,依序上移。

6.3 当标示GB 14880—2012和卫计委公告中允许强化的除表2-2-4外的其他营养成分时,其排列顺序应位于表2-2-4所列营养素之后。

食品感官与理化检验技术

表 2-2-4 能量和营养成分名称、顺序、表达单位、修约间隔和"0"界限值

能量和营养成分的名称和顺序	表达单位[a]	修约间隔	"0"界限值(每100 g 或 100 mL)[b]
能量	千焦(kJ)	1	≤17 kJ
蛋白质	克(g)	0.1	≤ 0.5 g
脂肪	克(g)	0.1	≤ 0.5 g
饱和脂肪(酸)	克(g)	0.1	≤ 0.1 g
反式脂肪(酸)	克(g)	0.1	≤ 0.3 g
单不饱和脂肪(酸)	克(g)	0.1	≤ 0.1 g
多不饱和脂肪(酸)	克(g)	0.1	≤ 0.1 g
胆固醇	毫克(mg)	1	≤ 5 mg
碳水化合物	克(g)	0.1	≤ 0.5 g

能量和营养成分的名称和顺序	表达单位[a]	修约间隔	"0"界限值(每 100 g 或 100 mL)[b]
糖(乳糖[c])	克(g)	0.1	≤ 0.5 g
膳食纤维(或单体成分,或可溶性、不可溶性膳食纤维)	克(g)	0.1	≤ 0.5 g
钠	毫克(mg)	1	≤ 5 mg
维生素 A	微克维生素当量(μg RE)	1	≤ 8 μg RE
维生素 D	微克(μg)	0.1	≤ 0.1 μg
维生素 E	毫克 α-生育酚当量(mg α-TE)	0.01	≤ 0.28 mg α-TE
维生素 K	微克(μg)	0.1	≤ 1.6 μg
维生素 B_1(硫胺素)	毫克(mg)	0.01	≤ 0.03 mg
维生素 B_2(核黄素)	毫克(mg)	0.01	≤ 0.03 mg
维生素 B_6	毫克(mg)	0.01	≤ 0.03 mg
维生素 B_{12}	微克(μg)	0.01	≤ 0.05 μg
维生素 C(抗坏血酸)	毫克(mg)	0.1	≤ 2.0 mg
烟酸(烟酰胺)	毫克(mg)	0.01	≤ 0.28 mg
叶酸	微克(μg)或微克叶酸当量(μg DFE)	1	≤ 8 μg
泛酸	毫克(mg)	0.01	≤ 0.10 mg
生物素	微克(μg)	0.1	≤ 0.6 μg
胆碱	毫克(mg)	0.1	≤ 9.0 mg
磷	毫克(mg)	1	≤ 14 mg
钾	毫克(mg)	1	≤ 20 mg
镁	毫克(mg)	1	≤ 6 mg
钙	毫克(mg)	1	≤ 8 mg
铁	毫克(mg)	0.1	≤ 0.3 mg
锌	毫克(mg)	0.01	≤ 0.30 mg
碘	微克(μg)	0.1	≤ 3.0 μg
硒	微克(μg)	0.1	≤ 1.0 μg
铜	毫克(mg)	0.01	≤ 0.03 mg
氟	毫克(mg)	0.01	≤ 0.02 mg
锰	毫克(mg)	0.01	≤ 0.06 mg

[a]营养成分的表达单位可选择表格中的中文或英文,也可以两者都使用。

[b]当某营养成分含量数值≤"0"界限值时,其含量应标示为"0";使用"份"的计量单位时,也要同时符合每 100 g 或 100 mL 的"0"界限值的规定。

[c]在乳及乳制品的营养标签中可直接标示乳糖。

6.4 在产品保质期内,能量和营养成分含量的允许误差范围应符合表2-2-5的规定。

表 2-2-5　能量和营养成分含量的允许误差范围

能量和营养成分	允许误差范围
食品的蛋白质,多不饱和及单不饱和脂肪(酸),碳水化合物、糖(仅限乳糖),总的、可溶性或不溶性膳食纤维及其单体,维生素(不包括维生素 D、维生素 A),矿物质(不包括钠),强化的其他营养成分	≥80％标示值
食品中的能量以及脂肪、饱和脂肪(酸)、反式脂肪(酸),胆固醇,钠,糖(除外乳糖)	≤120％标示值
食品中的维生素 A 和维生素 D	80％ ～ 180％标示值

7　豁免强制标示营养标签的预包装食品

下列预包装食品豁免强制标示营养标签:

——生鲜食品,如包装的生肉、生鱼、生蔬菜和水果、禽蛋等;

——乙醇含量≥0.5％的饮料酒类;

——包装总表面积≤100 cm² 或最大表面面积≤20 cm² 的食品;

——现制现售的食品;

——包装的饮用水;

——每日食用量≤10 g 或 10 mL 的预包装食品;

——其他法律法规标准规定可以不标示营养标签的预包装食品。

豁免强制标示营养标签的预包装食品,如果在其包装上出现任何营养信息时,应按照本标准执行。

附录 A-2
食品标签营养素参考值(NRV)及其使用方法

A.1　食品标签营养素参考值(NRV)

规定的能量和32种营养成分参考数值如表2-2-6所示。

表 2-2-6　营养素参考值(NRV)

营养成分	NRV	营养成分	NRV
能量[a]	8 400 kJ	叶酸	400 μg DFE
蛋白质	60 g	泛酸	5 mg
脂肪	≤60 g	生物素	30 μg
饱和脂肪酸	≤20 g	胆碱	450 mg
胆固醇	≤300 mg	钙	800 mg
碳水化合物	300 g	磷	700 mg
膳食纤维	25 g	钾	2 000 mg

续表 2-2-6

营养成分	NRV	营养成分	NRV
维生素 A	800 μg RE	钠	2 000 mg
维生素 D	5 μg	镁	300 mg
维生素 E	14 mgα-TE	铁	15 mg
维生素 K	80 μg	锌	15 mg
维生素 B$_1$	1.4 mg	碘	150 μg
维生素 B$_2$	1.4 mg	硒	50 μg
维生素 B$_6$	1.4 mg	铜	1.5 mg
维生素 B$_{12}$	2.4 μg	氟	1 mg
维生素 C	100 mg	锰	3 mg
烟酸	14 mg		

ª能量相当于 2 000 kcal；蛋白质、脂肪、碳水化合物供能分别占总能量的 13%、27% 与 60%。

A.2 使用目的和方式

用于比较和描述能量或营养成分含量的多少，使用营养声称和零数值的标示时，用作标准参考值。

使用方式为营养成分含量占营养素参考值(NRV)的百分数；指定 NRV% 的修约间隔为 1，如 1%、5%、16% 等。

A.3 计算

营养成分含量占营养素参考值(NRV)的百分数计算公式见式(A.1)：

$$NRV\% = \frac{X}{NRV} \times 100\% \quad \cdots\cdots\cdots\cdots\cdots\cdots \quad (A.1)$$

式中：X——食品中某营养素的含量；

NRV——该营养素的营养素参考值。

附录 B-2
营养标签格式

B.1 本附录规定了预包装食品营养标签的格式。

B.2 应选择以下 6 种格式中的一种进行营养标签的标示。

B.2.1 仅标示能量和核心营养素的格式

仅标示能量和核心营养素的营养标签见示例 1。

示例 1：

营养成分表

项目	每 100 克(g)或 100 毫升(mL)或每份	营养素参考值％ 或 NRV％
能量	千焦(kJ)	％
蛋白质	克(g)	％
脂肪	克(g)	％
碳水化合物	克(g)	％
钠	毫克(mg)	％

B.2.2　标注更多营养成分

标注更多营养成分的营养标签见示例 2。

示例 2：

营养成分表

项目	每 100 克(g)或 100 毫升(mL)或每份	营养素参考值％ 或 NRV％
能量	千焦(kJ)	％
蛋白质	克(g)	％
脂肪	克(g)	％
——饱和脂肪		
胆固醇	毫克(mg)	％
碳水化合物	克(g)	％
——糖	克(g)	
膳食纤维	克(g)	％
钠	毫克(mg)	％
维生素 A	微克维生素当量(μg RE)	％
钙	毫克(mg)	％

注：核心营养素应采取适当形式使其醒目。

B.2.3　附有外文的格式

附有外文的营养标签见示例 3。

示例 3：

营养成分表

项目	每 100 克(g)或 100 毫升(mL)或每份	营养素参考值/％
能量	千焦(kJ)	％
蛋白质	克(g)	％
脂肪	克(g)	％
碳水化合物	克(g)	％
钠	毫克(mg)	％

B.2.4　横排格式

横排格式的营养标签见示例4。

示例4：

营养成分表

项目	每100克(g)/毫升(mL)或每份	营养素参考值％或NRV％	项目	每100克(g)/毫升(mL)或每份	营养素参考值％或NRV％
能量	千焦(kJ)	％	蛋白质	克(g)	％
碳水化合物	克(g)	％	脂肪	克(g)	％
钠	毫克(g)	％	—		％

注：根据包装特点，可将营养成分从左到右横向排开，分为两列或两列以上进行标示。

B.2.5　文字格式

包装的总面积小于100 cm² 的食品，如进行营养成分标示，允许用非表格的形式，并可省略营养素参考值(NRV)的标示。根据包装特点，营养成分从左到右横向排开，或者自上而下排开，如示例5。

示例5：

营养成分/100 g：能量××kJ，蛋白质××g，脂肪××g，碳水化合物××g，钠××mg。

B.2.6　附有营养声称和(或)营养成分功能声称的格式

附有营养声称和(或)营养成分功能声称的营养标签见示例6。

示例6：

营养成分表

项目	每100克(g)或100毫升(mL)或每份	营养素参考值％ 或 NRV％
能量	千焦(kJ)	％
蛋白质	克(g)	％
脂肪	克(g)	％
碳水化合物	克(g)	％
钠	毫克(mg)	％

营养声称如：低脂肪××。

营养成分功能声称如：每日膳食中脂肪提供的能量比例不宜超过总能量的30％。

营养声称、营养成分功能声称可以在标签的任意位置，但其字号不得大于食品名称和商标。

附录 C-2
能量和营养成分含量声称和比较声称的要求、条件和同义语

C.1　表2-2-7规定了预包装食品能量和营养成分含量声称的要求和条件。

C.2　表2-2-8规定了预包装食品能量和营养成分含量声称的同义语。

C.3 表 2-2-9 规定了预包装食品能量和营养成分比较声称的要求和条件。

C.4 表 2-2-10 规定了预包装食品能量和营养成分比较声称的同义语。

表 2-2-7 能量和营养成分含量声称的要求和条件

项目	含量声称方式	含量要求[a]	限制性条件
能量	无能量	≤17 kJ/100 g（固体）或 100 mL（液体）	其中脂肪提供的能量 ≤总能量的 50%。
	低能量	≤170 kJ/100 g 固体 ≤80 kJ/100 mL 液体	
蛋白质	低蛋白质	来自蛋白质的能量≤总能量的 5%	总能量指每 100 g/mL 或每份
	蛋白质来源，或含有蛋白质	每 100 g 的含量≥10% NRV 每 100 mL 的含量≥5% NRV 或者 每 420 kJ 的含量≥5% NRV	
	高或富含蛋白质	每 100 g 的含量≥20% NRV 每 100 mL 的含量≥10% NRV 或者 每 420 kJ 的含量≥10% NRV	
脂肪	无或不含脂肪	≤0.5 g/100 g（固体）或 100 mL（液体）	
	低脂肪	≤3 g/100 g 固体；≤1.5 g/100 mL 液体	
	瘦	脂肪含量≤10%	仅指畜肉类和禽肉类
	脱脂	液态奶和酸奶：脂肪含量≤0.5%； 乳粉：脂肪含量≤1.5%。	仅指乳品类
	无或不含饱和脂肪	≤0.1 g/100 g（固体）或 100 mL（液体）	指饱和脂肪及反式脂肪的总和
	低饱和脂肪	≤1.5 g/100 g 固体 ≤0.75 g /100 mL 液体	1.指饱和脂肪及反式脂肪的总和 2.其提供的能量占食品总能量的 10% 以下
	无或不含反式脂肪酸	≤0.3 g/100 g（固体）或 100 mL（液体）	
胆固醇	无或不含胆固醇	≤5 mg/100 g（固体）或 100 mL（液体）	应同时符合低饱和脂肪的声称含量要求和限制性条件
	低胆固醇	≤20m g /100 g 固体 ≤10m g /100 mL 液体	
碳水化合物（糖）	无或不含糖	≤ 0.5 g /100 g（固体）或 100 mL（液体）	
	低糖	≤ 5 g /100 g（固体）或 100 mL（液体）	
	低乳糖	乳糖含量≤ 2 g/100 g（mL）	仅指乳品类
	无乳糖	乳糖含量≤ 0.5 g/100 g（mL）	
膳食纤维	膳食纤维来源或含有膳食纤维	≥3 g/100 g（固体） ≥1.5 g/100 mL（液体）或 ≥1.5 g/420 kJ	膳食纤维总量符合其含量要求；或者可溶性膳食纤维、不溶性膳食纤维或单体成分任一项符合含量要求
	高或富含膳食纤维或良好来源	≥6 g/100 g（固体） ≥3 g/100 mL（液体）或 ≥3 g/420 kJ	

项目	含量声称方式	含量要求[a]	限制性条件
钠	无或不含钠	≤5 mg /100 g 或 100 mL	符合"钠"声称的声称时，也可用"盐"字代替"钠"字，如"低盐""减少盐"等
	极低钠	≤40 mg /100 g 或 100 mL	
	低钠	≤120 mg /100 g 或 100 mL	
维生素	维生素×来源或含有维生素×	每 100 g 中≥15％ NRV 每 100 mL 中≥7.5％ NRV 或 每 420 kJ 中≥5％ NRV	含有"多种维生素"指 3 种和（或）3 种以上维生素含量符合"含有"的声称要求
	高或富含维生素×	每 100 g 中≥30％ NRV 每 100 mL 中≥15％ NRV 或 每 420 kJ 中≥10％ NRV	富含"多种维生素"指 3 种和（或）3 种以上维生素含量符合"富含"的声称要求
矿物质（不包括钠）	×来源，或含有×	每 100 g 中≥15％ NRV 每 100 mL 中≥7.5％ NRV 或 每 420 kJ 中≥5％ NRV	含有"多种矿物质"指 3 种和（或）3 种以上矿物质含量符合"含有"的声称要求
	高或富含×	每 100 g 中≥30％ NRV 每 100 mL 中≥15％ NRV 或 每 420 kJ 中≥10％ NRV	富含"多种矿物质"指 3 种和（或）3 种以上矿物质含量符合"富含"的声称要求

[a] 用"份"作为食品计量单位时，也应符合 100 g(mL)的含量要求才可以进行声称。

表 2-2-8　含量声称的同义语

标准语	同义语	标准语	同义语
不含，无	零(0)，没有，100％不含，无，0％	含有，来源	提供，含，有
极低	极少	富含，高	良好来源，含丰富××、丰富（的）××，提供高（含量）××
低	少、少油[a]		

[a] "少油"仅用于低脂肪的声称。

表 2-2-9　能量和营养成分比较声称的要求和条件

比较声称方式	要求	条件
减少能量	与参考食品比较，能量值减少 25％ 以上	参考食品（基准食品）应为消费者熟知、容易理解的同类或同一属类食品
增加或减少蛋白质	与参考食品比较，蛋白质含量增加或减少 25％ 以上	
减少脂肪	与参考食品比较，脂肪含量减少 25％ 以上	
减少胆固醇	与参考食品比较，胆固醇含量减少 25％ 以上	
增加或减少碳水化合物	与参考食品比较，碳水化合物含量增加或减少 25％ 以上	

模块 2　食品感官与物理检验

比较声称方式	要求	条件
减少糖	与参考食品比较,糖含量减少 25％以上	
增加或减少膳食纤维	与参考食品比较,膳食纤维含量增加或减少 25％以上	
减少钠	与参考食品比较,钠含量减少 25％以上	
增加或减少矿物质(不包括钠)	与参考食品比较,矿物质含量增加或减少 25％以上	
增加或减少维生素	与参考食品比较,维生素含量增加或减少 25％以上	

表 2-2-10　比较声称的同义语

标准语	同义语	标准语	同义语
增加	增加×％(×倍)	减少	减少×％(×倍)
	增、增×％(×倍)		减、减×％(×倍)
	加、加×％(×倍)		少、少×％(×倍)
	增高、增高(了)×％(×倍)		减低、减低×％(×倍)
	添加(了)×％(×倍)		降×％(×倍)
	多×％,提高×倍等		降低×％(×倍)等

附录 D-2
能量和营养成分功能声称标准用语

D.1　本附录规定了能量和营养成分功能声称标准用语。

D.2　能量

人体需要能量来维持生命活动。

机体的生长发育和一切活动都需要能量。

适当的能量可以保持良好的健康状况。

能量摄入过高、缺少运动与超重和肥胖有关。

D.3　蛋白质

蛋白质是人体的主要构成物质并提供多种氨基酸。

蛋白质是人体生命活动中必需的重要物质,有助于组织的形成和生长。

蛋白质有助于构成或修复人体组织。

蛋白质有助于组织的形成和生长。

蛋白质是组织形成和生长的主要营养素。

D.4　脂肪

脂肪提供高能量。

每日膳食中脂肪提供的能量比例不宜超过总能量的 30％。

脂肪是人体的重要组成成分。

脂肪可辅助脂溶性维生素的吸收。

脂肪提供人体必需脂肪酸。

D.4.1 饱和脂肪

饱和脂肪可促进食品中胆固醇的吸收。

饱和脂肪摄入过多有害健康。

过多摄入饱和脂肪可使胆固醇增高，摄入量应少于每日总能量的10%。

D.4.2 反式脂肪酸

每天摄入反式脂肪酸不应超过2.2 g，过多摄入有害健康。

反式脂肪酸摄入量应少于每日总能量的1%，过多摄入有害健康。

过多摄入反式脂肪酸可使血液胆固醇增高，从而增加心血管疾病发生的风险。

D.5 胆固醇

成人一日膳食中胆固醇摄入总量不宜超过300 mg。

D.6 碳水化合物

碳水化合物是人类生存的基本物质和能量主要来源。

碳水化合物是人类能量的主要来源。

碳水化合物是血糖生成的主要来源。

膳食中碳水化合物应占能量的60%左右。

D.7 膳食纤维

膳食纤维有助于维持正常的肠道功能。

膳食纤维是低能量物质。

D.8 钠

钠能调节机体水分，维持酸碱平衡。

成人每日食盐的摄入量不超过6 g。

钠摄入过高有害健康。

D.9 维生素A

维生素A有助于维持暗视力。

维生素A有助于维持皮肤和黏膜健康。

D.10 维生素D

维生素D可促进钙的吸收。

维生素D有助于骨骼和牙齿的健康。

维生素D有助于骨骼形成。

D.11 维生素E

维生素E有抗氧化作用。

D.12 维生素B_1

维生素B_1是能量代谢中不可缺少的成分。

维生素B_1有助于维持神经系统的正常生理功能。

D.13 维生素B_2

维生素B_2有助于维持皮肤和黏膜健康。

维生素B_2是能量代谢中不可缺少的成分。

D.14 维生素 B$_6$

维生素 B$_6$ 有助于蛋白质的代谢和利用。

D.15 维生素 B$_{12}$

维生素 B$_{12}$ 有助于红细胞形成。

D.16 维生素 C

维生素 C 有助于维持皮肤和黏膜健康。

维生素 C 有助于维持骨骼、牙龈的健康。

维生素 C 可以促进铁的吸收。

维生素 C 有抗氧化作用。

D.17 烟酸

烟酸有助于维持皮肤和黏膜健康。

烟酸是能量代谢中不可缺少的成分。

烟酸有助于维持神经系统的健康。

D.18 叶酸

叶酸有助于胎儿大脑和神经系统的正常发育。

叶酸有助于红细胞形成。

叶酸有助于胎儿正常发育。

D.19 泛酸

泛酸是能量代谢和组织形成的重要成分。

D.20 钙

钙是人体骨骼和牙齿的主要组成成分,许多生理功能也需要钙的参与。

钙是骨骼和牙齿的主要成分,并维持骨密度。

钙有助于骨骼和牙齿的发育。

钙有助于骨骼和牙齿更坚固。

D.21 镁

镁是能量代谢、组织形成和骨骼发育的重要成分。

D.22 铁

铁是血红细胞形成的重要成分。

铁是血红细胞形成的必需元素。

铁对血红蛋白的产生是必需的。

D.23 锌

锌是儿童生长发育的必需元素。

锌有助于改善食欲。

锌有助于皮肤健康。

D.24 碘

碘是甲状腺发挥正常功能的元素。

(三)《定量包装商品计量监督管理办法》(国家质量监督检验检疫总局令[2005]第75号)

《定量包装商品计量监督管理办法》经 2005 年 5 月 16 日国家质量监督检验检疫总局局

务会议审议通过,自 2006 年 1 月 1 日起施行。原国家技术监督局发布的《定量包装商品计量监督规定》(国家技术监督局令第 43 号)同时废止。

定量包装商品计量监督管理办法

第一条　为了保护消费者和生产者、销售者的合法权益,规范定量包装商品的计量监督管理,根据《中华人民共和国计量法》并参照国际通行规则,制定本办法。

第二条　在中华人民共和国境内,生产、销售定量包装商品,以及对定量包装商品实施计量监督管理,应当遵守本办法。

本办法所称定量包装商品是指以销售为目的,在一定量限范围内具有统一的质量、体积、长度、面积、计数标注等标识内容的预包装商品。

第三条　国家质量监督检验检疫总局对全国定量包装商品的计量工作实施统一监督管理。

县级以上地方质量技术监督部门对本行政区域内定量包装商品的计量工作实施监督管理。

第四条　定量包装商品的生产者、销售者应当加强计量管理,配备与其生产定量包装商品相适应的计量检测设备,保证生产、销售的定量包装商品符合本办法的规定。

第五条　定量包装商品的生产者、销售者应当在其商品包装的显著位置正确、清晰地标注定量包装商品的净含量。

净含量的标注由"净含量"(中文)、数字和法定计量单位(或者用中文表示的计数单位)三个部分组成。法定计量单位的选择应当符合本办法附表 1 的规定。

以长度、面积、计数单位标注净含量的定量包装商品,可以免于标注"净含量"三个中文字,只标注数字和法定计量单位(或者用中文表示的计数单位)。

第六条　定量包装商品净含量标注字符的最小高度应当符合本办法附表 2 的规定。

第七条　同一包装内含有多件同种定量包装商品的,应当标注单件定量包装商品的净含量和总件数,或者标注总净含量。

同一包装内含有多件不同种定量包装商品的,应当标注各种不同种定量包装商品的单件净含量和各种不同种定量包装商品的件数,或者分别标注各种不同种定量包装商品的总净含量。

第八条　单件定量包装商品的实际含量应当准确反映其标注净含量,标注净含量与实际含量之差不得大于本办法附表 3 规定的允许短缺量。

第九条　批量定量包装商品的平均实际含量应当大于或者等于其标注净含量。

用抽样的方法评定一个检验批的定量包装商品,应当按照本办法附表 4 中的规定进行抽样检验和计算。样本中单件定量包装商品的标注净含量与其实际含量之差大于允许短缺量的件数以及样本的平均实际含量应当符合本办法附表 4 的规定。

第十条 强制性国家标准、强制性行业标准对定量包装商品的允许短缺量以及法定计量单位的选择已有规定的,从其规定;没有规定的按照本办法执行。

第十一条 对因水分变化等因素引起净含量变化较大的定量包装商品,生产者应当采取措施保证在规定条件下商品净含量的准确。

第十二条 县级以上质量技术监督部门应当对生产、销售的定量包装商品进行计量监督检查。

质量技术监督部门进行计量监督检查时,应当充分考虑环境及水分变化等因素对定量包装商品净含量产生的影响。

第十三条 对定量包装商品实施计量监督检查进行的检验,应当由被授权的计量检定机构按照《定量包装商品净含量计量检验规则》进行。

检验定量包装商品,应当考虑储存和运输等环境条件可能引起的商品净含量的合理变化。

第十四条 定量包装商品的生产者、销售者在使用商品的包装时,应当节约资源、减少污染、正确引导消费,商品包装尺寸应当与商品净含量的体积比例相当。不得采用虚假包装或者故意夸大定量包装商品的包装尺寸,使消费者对包装内的商品量产生误解。

第十五条 国家鼓励定量包装商品生产者自愿参加计量保证能力评价工作,保证计量诚信。

省级质量技术监督部门按照《定量包装商品生产企业计量保证能力评价规范》的要求,对生产者进行核查,对符合要求的予以备案,并颁发全国统一的《定量包装商品生产企业计量保证能力证书》,允许在其生产的定量包装商品上使用全国统一的计量保证能力合格标志。

第十六条 获得《定量包装商品生产企业计量保证能力证书》的生产者,违反《定量包装商品生产企业计量保证能力评价规范》要求的,责令其整改,停止使用计量保证能力合格标志,可处 5 000 元以下的罚款;整改后仍不符合要求的或者拒绝整改的,由发证机关吊销其《定量包装商品生产企业计量保证能力证书》。

定量包装商品生产者未经备案,擅自使用计量保证能力合格标志的,责令其停止使用,可处 30 000 元以下罚款。

第十七条 生产、销售定量包装商品违反本办法第五条、第六条、第七条规定,未正确、清晰地标注净含量的,责令改正;未标注净含量的,限期改正,逾期不改的,可处 1 000 元以下罚款。

第十八条 生产、销售的定量包装商品,经检验违反本办法第九条规定的,责令改正,可处检验批货值金额 3 倍以下,最高不超过 30 000 元的罚款。

第十九条 本办法规定的行政处罚,由县级以上地方质量技术监督部门决定。

县级以上地方质量技术监督部门按照本办法实施行政处罚,必须遵守国家法律、法规和国家质量监督检验检疫总局关于行政案件办理程序的有关规定。

第二十条 行政相对人对行政处罚决定不服的,可以依法申请行政复议或者提起行政诉讼。

第二十一条　从事定量包装商品计量监督管理的国家工作人员滥用职权、玩忽职守、徇私舞弊，情节轻微的，给予行政处分；构成犯罪的，依法追究刑事责任。

从事定量包装商品计量检验的机构和人员有下列行为之一的，由省级以上质量技术监督部门责令限期整改；情节严重的，应当取消其从事定量包装商品计量检验工作的资格，对有关责任人员依法给予行政处分；构成犯罪的，依法追究刑事责任：

（一）伪造检验数据的；

（二）违反《定量包装商品净含量计量检验规则》进行计量检验的；

（三）使用未经检定、检定不合格或者超过检定周期的计量器具开展计量检验的；

（四）擅自将检验结果及有关材料对外泄露的；

（五）利用检验结果参与有偿活动的。

第二十二条　本办法下列用语的含义是：

（一）预包装商品是指销售前预先用包装材料或者包装容器将商品包装好，并有预先确定的量值（或者数量）的商品；

（二）净含量是指除去包装容器和其他包装材料后内装商品的量；

（三）实际含量是指由质量技术监督部门授权的计量检定机构按照《定量包装商品净含量计量检验规则》通过计量检验确定的定量包装商品实际所包含的量；

（四）标注净含量是指由生产者或者销售者在定量包装商品的包装上明示的商品的净含量；

（五）允许短缺量是指单件定量包装商品的标注净含量与其实际含量之差的最大允许量值（或者数量）；

（六）检验批是指接受计量检验的，由同一生产者在相同生产条件下生产的一定数量的同种定量包装商品或者在销售者抽样地点现场存在的同种定量包装商品；

（七）同种定量包装商品是指由同一生产者生产，品种、标注净含量、包装规格及包装材料均相同的定量包装商品；

（八）计量保证能力合格标志（也称 C 标志，C 为英文"中国"的头一个字母）是指由国家质检总局统一规定式样，证明定量包装商品生产者的计量保证能力达到规定要求的标志。

第二十三条　本办法由国家质量监督检验检疫总局负责解释。

第二十四条　本办法自 2006 年 1 月 1 日起施行。原国家技术监督局发布的《定量包装商品计量监督规定》（国家技术监督局令第 43 号）同时废止。

附表 1：法定计量单位的选择
附表 2：标注字符高度
附表 3：允许短缺量
附表 4：计量检验抽样方案

	标注净含量（Q_n)的量限		计量单位
质量	$Q_n<1\,000$ g		g(克)
	$Q_n\geqslant1\,000$ g		kg(千克)
体积	$Q_n<1\,000$ mL		mL（ml)（毫升)
	$Q_n\geqslant1\,000$ mL		L（l)（升)
长度	$Q_n<100$ cm		mm(毫米)或者 cm(厘米)
	$Q_n\geqslant100$ cm		m(米)
面积	$Q_n<100$ cm²		mm²(平方毫米) 或者 cm²(平方厘米)
	1 平方分米$\leqslant Q_n<100$ dm²		dm²(平方分米)
	$Q_n\geqslant1$ m²		m²(平方米)

附表 2　标注字符高度

标注净含量(Q_n)	字符的最小高度/mm
$Q_n\leqslant50$ g $Q_n\leqslant50$ mL	2
50 g$<Q_n\leqslant200$ g 50 mL$<Q_n\leqslant200$ mL	3
200 g$<Q_n\leqslant1\,000$ g 200 mL$<Q_n\leqslant1\,000$ mL	4
$Q_n>1$ kg $Q_n>1$ L	6
以长度、面积、计数单位标注	2

附表 3　允许短缺量

质量或体积定量包装商品的标注净含量（Q_n)/g 或 mL	允许短缺量(T)*/g 或 mL	
	Q_n的百分比	g 或 mL
0～50	9	—
50～100	—	4.5
100～200	4.5	—
200～300	—	9
300～500	3	—
500～1 000	—	15
1 000～10 000	1.5	—

食品感官与理化检验技术

续附表3

质量或体积定量包装商品的标注净含量（Q_n）/g 或 mL	允许短缺量（T）* /g 或 mL	
10 000～15 000	—	150
15 000～50 000	1	—
长度定量包装商品的标注净含量（Q_n）	允许短缺量（T）/m	
$Q_n \leqslant 5$ m	不允许出现短缺量	
$Q_n > 5$ m	$Q_n \times 2\%$	
面积定量包装商品的标注净含量（Q_n）	允许短缺量（T）	
全部 Q_n	$Q_n \times 3\%$	
计数定量包装商品的标注净含量（Q_n）	允许短缺量（T）	
$Q_n \leqslant 50$	不允许出现短缺量	
$Q_n > 50$	$Q_n \times 1\%$ **	

注：* 对于允许短缺量（T），当 $Q_n \leqslant 1$ kg（L）时，T 值的 0.01g（mL）位修约至 0.1g（mL）；当 $Q_n > 1$ kg（L）时，T 值的 0.1 g（mL）位修约至 g（mL）；

** 以标注净含量乘以 1%，如果出现小数，就把该数进位到下一个紧邻的整数。这个值可能大于 1%，但这是可以接受的，因为商品的个数为整数，不能带有小数。

附表 4   计量检验抽样方案

第一栏	第二栏	第三栏		第四栏	
检验批量 N	抽取样本量 n	样本平均实际含量修正值（$\lambda \cdot s$）		允许大于 1 倍，小于或者等于 2 倍允许短缺量的件数	允许大于 2 倍允许短缺量的件数
		修正因子 $\lambda = t_{0.995} \times \dfrac{1}{\sqrt{n}}$	样本实际含量标准偏差 s		
1～10	N	/	/	0	0
11～50	10	1.028	s	0	0
51～99	13	0.848	s	1	0
100～500	50	0.379	s	3	0
501～3 200	80	0.295	s	5	0
大于 3 200	125	0.234	s	7	0

样本平均实际含量应当大于或者等于标注净含量减去样本平均实际含量修正值（$\lambda \cdot s$）

即 $\bar{q} \geqslant (Q_n - \lambda \cdot s)$

式中：$\bar{q}$—样本平均实际含量 $\bar{q} = \dfrac{1}{n} \sum\limits_{i=1}^{n} q_i$

Q_n—标注净含量

λ—修正因子

s—样本实际含量标准偏差 $s = \sqrt{\dfrac{1}{n-1} \sum\limits_{i=1}^{n} (q_i - \bar{q})^2}$

注：1. 本抽样方案的置信度为 99.5%；

2. 本抽样方案对于批量为 1～10 件的定量包装商品，只对单件定量包装商品的实际含量进行检验，不做平均实际含量的计算。

想一想

1. 进口食品和国产食品的检验有何异同点？

读一读

检验依据：《进出口预包装食品标签检验监督管理规定》（国家质量监督检验检疫总局[2012]第 27 号）

进出口预包装食品标签检验监督管理规定

第一章　总　则

第一条　为加强进出口预包装食品标签的检验监督管理，保障进出口预包装食品质量安全，根据《中华人民共和国食品安全法》及其实施条例、《中华人民共和国进出口商品检验法》及其实施条例、《国务院关于加强食品等产品安全监督管理的特别规定》和《进出口食品安全管理办法》等相关法律、行政法规、规章，制定本规定。

第二条　本规定适用于进出口预包装食品标签（含说明书）的检验和监督管理工作。

第三条　进口预包装食品标签应当符合我国相关法律法规和食品安全国家标准的要求。

出口预包装食品标签应符合进口国（地区）相关法律法规、标准或者合同要求，进口国（地区）无要求的，应符合我国相关法律法规及食品安全国家标准的要求。

第四条　国家质量监督检验检疫总局（以下简称国家质检总局）主管全国进出口预包装食品标签检验监督管理工作。国家质检总局设在各地的出入境检验检疫机构（以下简称检验检疫机构）负责所辖区域内进出口预包装食品标签检验监督管理工作。

第五条　进出口食品生产经营者应当保证其所进出口的预包装食品的标签符合本规定第三条要求，诚实守信，如实提供相关材料，对社会和公众负责，接受社会监督，承担社会责任。

第二章　标签检验

第六条　首次进口的预包装食品报检时,报检单位除应按报检规定提供报检资料外,还应按以下要求提供标签检验有关资料并加盖公章:

(一)原标签样张和翻译件;

(二)预包装食品中文标签样张;

(三)标签中所列进口商、经销商或者代理商工商营业执照复印件;

(四)当进口预包装食品标签中强调某一内容,如获奖、获证、法定产区、地理标识及其他内容的,或者强调含有特殊成分的,应提供相应证明材料;标注营养成分含量的,应提供符合性证明材料;

(五)应当随附的其他证书或者证明文件。

出口预包装食品报检时,应提供标签样张及翻译件,并提供符合本规定第三条第二款要求的声明。

第七条　检验检疫机构应当对标签进行格式版面检验,并对标签标注内容进行符合性检测。

符合性检测与进出口预包装食品的日常检验监督工作结合进行,不做单独抽样。

第八条　首次进口的预包装食品,其中文标签经检验合格的,由施检机构发给备案凭证。

第九条　经检验,进口预包装食品有以下情形之一的,应判定标签不合格:

(一)进口预包装食品无中文标签的;

(二)进口预包装食品的格式版面检验结果不符合我国法律、行政法规、规章及食品安全标准要求的;

(三)符合性检测结果与标签标注内容不符的。

第十条　进口预包装食品标签检验不合格的,检验检疫机构一次性告知进口商或者其代理人不符合项的全部内容。涉及安全、健康、环境保护项目不合格的,由检验检疫机构责令进口商或者其代理人销毁,或者出具退货处理通知单,由进口商或者其代理人办理退运手续。其他项目不合格的,进口商或者其代理人可以在检验检疫机构的监督下进行技术处理。不能进行技术处理或者技术处理后重新检验仍不合格的,检验检疫机构应当责令进口商或者其代理人退货或者销毁。

第十一条　出口预包装食品标签检验不合格的,应当在检验检疫机构的监督下进行技术处理;不能进行技术处理或者技术处理后重新检验仍不合格的,不准出口。

第十二条　对于首次进口并经标签检验合格的预包装食品再次进口时,仅需提供标签备案凭证与中外文标签样张,免于提供第六条第(一)款3~5项证明材料。

第十三条　检验检疫机构应记录标签检验情况,并归档保存,档案保存期限不少于2年。

第三章 监督管理

第十四条 国家质检总局利用信息化平台,对进口预包装食品标签检验工作实施管理,各地检验检疫机构负责具体实施并对检验合格的进口预包装食品标签进行备案。

第十五条 进出口预包装食品标签检验不合格但可以进行技术处理的,在重新检验合格之前,应继续在检验检疫机构指定或者认可的监管场所存放,未经允许,任何单位或者个人不得动用。

第十六条 各地检验检疫机构在标签检验监督管理工作中,发现不合格的,应按照相关规定上报国家质检总局。

第四章 附 则

第十七条 进出口用作样品、礼品、赠品、展示品等非贸易性的食品,进口用作免税经营(离岛免税除外)的、使领馆自用的食品,出口用作使领馆、我国企业驻外人员等自用的食品,可以申请免予进出口预包装食品标签检验。

第十八条 旅客携带入境及通过邮寄、快件等形式入境的进口预包装食品标签管理按有关规定执行。

第十九条 转基因食品的标注应符合国家有关法律、法规的规定。

第二十条 本规定自 2012 年 6 月 1 日实施。

项目 2-3　食品相对密度的测定

想一想

1. 视密度和真密度在概念上有何区别?
2. 物质密度的变化与哪些因素有关?

读一读

密度法、折光法和旋光法均属于物理检验法(又称物理测量法),即根据食品的物理常数(如相对密度、折光率、旋光度等)与食品的组成及含量之间的关系,进行样品的纯度、浓度的检验。

▶ 一、密度的定义

密度是指物质在一定温度下单位体积的质量,以符号 d 表示,其单位是 g/mL 或 g/cm³。由于物质具有热胀冷缩的性质,密度值会随温度的改变而改变,因此密度应标示出测定时物质的温度,表示为 d_t。4℃时每 1 cm³ 的水具有一个质量单位(见表 2-3-1),即 4℃时水的绝对密度为 1.000 000 g/cm³,所以液体的相对密度即定义为液体在 20℃时的质量与同体积纯水在 4℃时的质量之比,以符号 d_4^{20} 表示。(d_4^{20} 也称真密度)

$$d_4^{20} = \frac{20℃物质的质量}{4℃同体积水的质量}$$

当用密度计或密度瓶测定液体的相对密度时,以测定溶液对同温度水的密度比较方便,即通常测定液体在 20℃时对水在 20℃时的相对密度,以 d_{20}^{20} 表示(d_{20}^{20} 称视密度)。对于同一溶液而言,$d_{20}^{20} > d_4^{20}$,这是因为水在 4℃时的密度比在 20℃时大。d_{20}^{20} 和 d_4^{20} 之间可按下式换算:

$$d_4^{20} = d_{20}^{20} \times 0.998\ 23$$

式中:0.998 23——20℃时水的密度,g/cm³。

同理,若测定温度不在 20℃,而在 t℃时,d_t^{20} 可换算成 d_4^{20} 的数据:

$$d_4^{20} = d_t^{20} \times d_t$$

式中:d_t——t℃时水的密度,g/cm³。

表 2-3-1　水的相对密度和温度的关系

$t/$℃	密度/(g/mL)	$t/$℃	密度/(g/mL)	$t/$℃	密度/(g/mL)	$t/$℃	密度/(g/mL)
0	0.999 868	9	0.999 808	18	0.998 622	27	0.996 539
1	0.999 927	10	0.999 727	19	0.998 432	28	0.996 259
2	0.999 968	11	0.999 623	20	0.998 230	29	0.995 971
3	0.999 992	12	0.999 525	21	0.998 019	30	0.995 673
4	1.000 000	13	0.999 404	22	0.997 797	31	0.995 367
5	0.999 992	14	0.999 271	23	0.997 565	32	0.995 052
6	0.999 968	15	0.999 126	24	0.997 323		
7	0.999 929	16	0.998 97	25	0.997 071		
8	0.999 876	17	0.998 801	26	0.996 810		

不同的液态食品均有其一定的相对密度,且其浓度或纯度发生改变时,其相对密度也随之改变;液态食品当其水分被完全蒸发干燥至恒重时,所得到的剩余物质称干物质或固形物,液态食品的相对密度与其固形物含量具有一定的数学关系。如蔗糖溶液的相对密度随蔗糖浓度的增加而增高;酒精溶液的相对密度随酒精浓度的增加而降低;牛乳掺水后其总乳固体含量减少使相对密度降低。因此,可通过测定液态食品的相对密度来检验食品的纯度、浓度以及可溶性固形物含量。

▶ 二、测定密度的意义

密度是物质的重要物理常数,常作为某些食品(如牛乳、白酒、食用植物油脂、蜂蜜等产品)的一项质量指标,用以鉴别食品的纯度、浓度、新鲜度及掺假情况等。

正常牛乳的相对密度在 1.028～1.032,牛乳的相对密度与其脂肪含量、总乳固体含量有关,脱脂乳相对密度升高,掺水乳相对密度降低。

白酒掺水后酒精度下降,相对密度升高。酒精含量与相对密度的对应关系已被制成表格,只要测得相对密度就可由专门的表格查出其对应浓度(蔗糖水溶液浓度与相对密度的对应关系也已被制成表格,同样可通过查表得出其对应浓度)。

纯蜂蜜浓度在 42°Bé 以上,掺水蜂蜜相对密度降低。

菜籽油的相对密度为 0.909 0～0.914 5,花生油相对密度为 0.911 0～0.917 5,油脂的相对密度与其脂肪酸的组成有密切关系,不饱和脂肪酸含量越高,脂肪酸不饱和程度越高,脂肪的相对密度越高;游离脂肪酸含量越高,相对密度越低;酸败的油脂其相对密度升高。

鲜蛋的相对密度为 1.08～1.09,陈旧蛋则减轻,可用相对密度为 1.050～1.080 g/L 的阶梯食盐溶液来鉴别变质蛋、次蛋、新鲜蛋和最新鲜蛋。

此外,密度还可用于鉴别豌豆成熟度、山核桃成熟度及葡萄干等产品质量的优劣。可见,测定相对密度是检验液体食品某些质量指标、食品是否变质或掺假的一种快速而简便的方法。

任务 2-3-1 密度瓶法测定食品的密度

想一想

1. 牛奶掺水后其相对密度是否发生变化?
2. 白酒掺水后其相对密度是否发生变化?

读一读

 一、测定原理(参照 GB 5009.2—2016 食品安全国家标准 食品相对密度的测定)

在 20℃时分别测定充满同一密度瓶的水及试样的质量,由水的质量可确定密度瓶的容积即试样的体积,根据试样的质量及体积可计算试样的密度,试样密度与水密度比值为试样相对密度。

二、仪器与设备

(1)常用的密度瓶如图 2-3-1 所示。
(2)恒温水浴锅。
(3)分析天平。

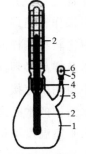

A．带毛细管的普通密度瓶   B．带温度计的精密密度瓶

图 2-3-1 密度瓶
1.密度瓶 2.温度计 3.支管标线
4.附温度计的瓶盖 5.支管上小帽
6.侧孔

▶ 三、测定步骤

取洁净、干燥、恒重、准确称量的密度瓶,装满试样后,置 20℃ 水浴中浸 0.5 h,使内容物的温度达到 20℃,盖上瓶盖,并用细滤纸条吸去支管标线上的试样,盖好小帽后取出,用滤纸将密度瓶外擦干,置天平室内 0.5 h,称量。再将试样倾出,洗净密度瓶,装满水,以下按上述自"置 20℃ 水浴中浸 0.5 h,使内容物的温度达到 20℃,盖上瓶盖,并用细滤纸条吸去支管标线上的试样,盖好小帽后取出,用滤纸将密度瓶外擦干,置天平室内 0.5 h,称量。"密度瓶内不应有气泡,天平室内温度保持 20℃ 恒温条件,否则不应使用此方法。

▶ 四、结果计算

样品在 20℃ 时的相对密度按下式计算:

$$d = \frac{m_2 - m_0}{m_1 - m_0}$$

式中:d ——试样在 20℃ 时的相对密度;

m_0 ——密度瓶的质量,g;

m_1 ——密度瓶加水的质量,g;

m_2 ——密度瓶加液体试样的质量,g。

计算结果表示到称量天平的精度的有效数位(精确到 0.001)。

在重复性条件下获得的两次独立测定结果的绝对差值不得超过算术平均值的 5%。

▶ 五、说明及注意事项

(1)本测定法适用于各种液体食品尤其是样品量较少的食品,对挥发性样品也适用,结果准确,但操作较烦琐。

(2)测定较黏稠样液时,宜使用具有毛细管的密度瓶。

(3)水及样品必须注满密度瓶,并注意瓶内不得有气泡。

(4)不得用手直接接触已达恒温的密度瓶球部,以免液体受热流出。

(5)水浴中的水必须清洁无油污,以防瓶外壁被污染。

(6)天平室温度不得高于 20℃,以免液体膨胀流出。

想一想

1. 怎样识别不同的比重计?
2. 比重计法与密度瓶法各有何优缺点?

读一读

▶ 一、测定原理(参照 GB 5009.2—2016 食品安全国家标准　食品相对密度的测定)

比重计利用了阿基米德原理,将待测液体倒入一个较高的容器,再将比重计放入液体中。比重计下沉到一定高度后呈漂浮状态。此时液面的位置在玻璃管上所对应的刻度就是该液体的密度。测得试样和水的密度的比值即为相对密度。

▶ 二、仪器与设备

比重计:上部细管中有刻度标签,表示密度读数。

▶ 三、测定步骤

将比重计洗净擦干,缓缓放入盛有待测液体试样的适当量筒中,勿使其碰及容器四周及底部,保持试样温度在 20℃,待其静置后,再轻轻按下少许,然后待其自然上升,静置至无气泡冒出后,从水平位置观察与液面相交处的刻度,即为试样的密度。分别测试试样和水的密度,两者比值即为试样相对密度。

在重复性条件下获得的两次独立测定结果的绝对差值不得超过算术平均值的 5%。

▶ 四、注释说明

比重计也称密度计,是根据阿基米德原理制成的。其种类很多,但结构和形式基本相同,都是由玻璃外壳制成。比重计头部呈球形或圆锥形,内灌有铅珠、汞及其他重金属,中部是胖肚空腔,尾部细长,内附有刻度标记。其刻度的刻制是利用各种不同密度的液体进行标定,从而制成不同标度的比重计。比重计法测定液体的相对密度最简便、快捷,但准确度比密度瓶法低。食品工业中常用的比重计有酒精计、乳稠计(乳汁计)、锤度计和波美计等,如图 2-3-2 所示。

1. 锤度计

锤度计专用于测定糖液浓度,它用纯蔗糖溶液的重量百分浓度来标定刻度,以符号°Bx 表示。其刻度方法是以 20℃ 为标准温度,在蒸馏水中为 0°Bx,在 1% 蔗糖溶液中为 1°Bx,即 100 g 糖液中含蔗糖 1 g。依此类推。锤度计的刻度范围有 0～6°Bx,5～11°Bx,10～16°Bx,15～21°Bx,20～26°Bx 等。

若测定温度不在标准温度 20℃ 时,须根据"观测糖锤度温度浓度换算表"进行校正。当温度低于标准温度时,糖液体积减小使相对密度增大,即锤度升高,故应减去相应的温度校正值;反之则应加上相应的温度校正值。

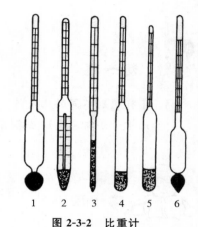

图 2-3-2　比重计
1、2. 糖锤度比重计　3、4. 波美比重计
5. 酒精计　6. 乳稠计

2. 波美计

波美计用以测定溶液中溶质的质量分数,1°Bé 表示质量分数为 1%。其刻度方法以 20℃ 为标准,在蒸馏水中为 0°Bé,在 15% 食盐溶液中为 15°Bé,在纯硫酸(相对密度 1.842 7)中其刻度为 66°Bé。波美计有轻表和重表两种,分别用于测定相对密度小于 1 和相对密度大于 1 的溶液。对糖液而言,1°Bé 约相当于 18°Bx。

3. 酒精计

酒精计用于测量酒精浓度。其刻度用已知酒精溶液来标定,以 20℃ 时在蒸馏水中为 0,在 1% 的酒精溶液中为 1,即 100 mL 酒精中含乙醇 1 mL,故从酒精计上可直接读取酒精溶液的体积百分浓度。

若测定温度不在 20℃,需根据"酒精计温度浓度换算表"换算为 20℃ 酒精的实际浓度。例如,25.5℃ 时酒精计直接读数为 96.5%,查校正表,20℃ 时实际含量为 95.35%。

4. 乳稠计

乳稠计用于测定牛乳的相对密度。其上刻有 15～45 的刻度,以度(°)表示,测量相对密度的范围为 1.015～1.045。其刻度值表示的是相对密度减去 1.000 后再乘以 1 000。例如,刻度值为 30,则相当于相对密度 1.030。乳稠计常有两种:一种按 20℃/4℃ 标定,另一种按 15℃/15℃ 标定,两者的关系为:后者读数是前者读数加 0.002,即

$$d_{15}^{15} = d_4^{20} + 0.002$$

例如,正常牛乳的相对密度 $d_4^{20} = 1.030$,则 $d_{15}^{15} = 1.032$。

使用乳稠计时,若测定温度不是标准温度,则需将读数校正为标准温度下的读数。对于 20℃/4℃ 乳稠计,在 10～25℃ 范围内,温度每变化 1℃,相对密度值相差 0.000 2,即相当于乳稠计读数的 0.2°。故当乳温高于标准温度 20℃ 时,则每高 1℃ 需加上 0.2°;反之,当乳温

低于 20℃时,每低 1℃需减去 0.2°。

例如,16℃时 20℃/4℃乳稠计读数为 31°,换算为 20℃应为:

$$31-(20-16)×0.2 = 31-0.8 = 30.2$$

即牛乳相对密度 $d_4^{20} = 1.030\ 2$,而 $d_{15}^{15} = 1.030\ 2 + 0.002 = 1.032\ 2$。

又如,25℃时 20℃/4℃乳稠计读数为 29.8°,换算为 20℃应为:

$$29.8 + (25-20)×0.2 = 29.8 + 1.0 = 30.8$$

即牛乳相对密度 $d_4^{20} = 1.030\ 8$,而 $d_{15}^{15} = 1.030\ 8 + 0.002 = 1.032\ 8$。

若用 15℃/15℃乳稠计,其温度校正可查"牛乳相对密度换算表"。

比重计法操作简便迅速,但准确性较差,需要样液多,且不适用于极易挥发的样品。测定前应根据样品大概的密度范围选择量程合适的比重计。往量筒注入样液时应缓慢注入,以防止产生气泡而影响准确读数。测定时量筒须置于水平桌面上,注意不使比重计触及量筒筒壁及筒底。读数时视线保持水平,并以观察样液的弯月面下缘最低点为准;若液体颜色较深,不易看清弯月面下缘时,则以观察弯月面两侧高点为准。测定时若样液温度不是标准温度,应进行温度校正。

五、举例

例:酒中乙醇浓度的测定(酒精计法 GB 5009.225—2016 食品安全国家标准 酒中乙醇浓度的测定)

1.测定原理

以蒸馏法去除样品中不挥发性物质,用酒精计测得酒精体积分数示值,按表 2-3-2"酒精计温度浓度换算表"进行温度校正,求得在 20℃时乙醇含量的体积分数,即为酒精度。

2.仪器

(1)精密酒精计:分度值为 0.1% vol;

(2)全玻璃蒸馏器:500 mL,1 000 mL。

3.测定步骤

将试样放入洁净、干燥的 100 mL 量筒中,静置数分钟,待酒中气泡消失后,放入洁净、擦干的酒精计,再轻轻按一下,不应接触量筒壁,同时插入温度计,平衡约 5 min,水平观测,读取与弯月面相切处的刻度示值,同时记录温度。根据测得的酒精计示值和温度,查"酒精计温度浓度换算表",换算成 20℃时样品的酒精度。

技术 检验化理与品感官

表2-3-2　酒精计温度浓度换算表

酒精计示值（温度+20℃时用体积分数表示乙醇浓度）

溶液温度/℃	26	27	28	29	30	31	32	33	34	35	36	37	38	39	40	41	42	43	44	45	46	47	48	49	50
35	20.4	21.3	22.3	23.2	24.2	25.0	26.0	26.8	27.8	28.8	30.0	31.0	32.0	33.0	34.0	35.0	36.0	37.0	38.1	39.0	40.2	41.2	42.3	43.3	44.3
34	20.8	21.7	22.7	23.5	24.5	25.4	26.4	27.3	28.3	29.3	30.4	31.4	32.4	33.4	34.4	35.4	36.4	37.4	38.5	39.5	40.5	41.5	42.7	43.7	44.7
33	21.2	22.0	23.1	23.9	24.9	25.8	26.8	27.7	28.7	29.7	30.8	31.8	32.8	33.8	34.8	35.8	36.8	37.8	39.0	39.9	40.9	41.9	43.1	44.1	45.0
32	21.4	22.4	23.4	24.3	25.3	26.2	27.2	28.1	29.1	30.1	31.2	32.2	33.2	34.2	35.2	36.2	37.2	38.2	39.3	40.3	41.3	42.3	43.4	44.4	45.4
31	21.9	22.8	23.8	24.7	25.7	26.6	27.6	28.5	29.5	30.5	31.6	32.6	33.6	34.6	35.6	36.6	37.6	38.6	39.7	40.7	41.7	42.7	43.8	44.8	45.8
30	22.3	23.2	24.2	25.1	26.1	27.0	28.0	28.9	29.9	30.9	32.0	33.0	34.0	35.0	36.0	37.0	38.0	39.0	40.1	41.0	42.1	43.1	44.2	45.2	46.2
29	22.7	23.6	24.6	25.5	26.4	27.4	28.4	29.4	30.3	31.3	32.4	33.4	34.4	35.4	36.4	37.4	38.4	39.4	40.4	41.5	42.5	43.5	44.5	45.6	46.6
28	23.0	24.0	24.9	25.9	26.8	27.8	28.8	29.7	30.7	31.7	32.8	33.8	34.8	35.8	36.8	37.8	38.8	39.8	40.8	41.9	42.9	43.9	44.9	45.9	47.0
27	23.4	24.3	25.3	26.3	27.2	28.2	29.2	30.2	31.2	32.2	33.2	34.2	35.2	36.2	37.2	38.2	39.2	40.2	41.2	42.3	43.3	44.3	45.3	46.3	47.3
26	23.8	24.7	25.7	26.6	27.6	28.6	29.6	30.6	31.6	32.6	33.6	34.6	35.6	36.6	37.6	38.6	39.6	40.6	41.6	42.7	43.7	44.7	45.7	46.7	47.7
25	24.1	25.1	26.1	27.0	28.0	29.0	30.0	31.0	32.0	33.0	34.0	35.0	36.0	37.0	38.0	39.0	40.0	41.0	42.0	43.0	44.1	45.1	46.1	47.1	48.1
24	24.5	25.5	26.4	27.4	28.4	29.4	30.4	31.4	32.4	33.4	34.4	35.4	36.4	37.4	38.4	39.4	40.4	41.4	42.4	43.4	44.4	45.4	46.4	47.5	48.5
23	24.9	25.8	26.8	27.8	28.8	29.8	30.8	31.8	32.8	33.8	34.8	35.8	36.8	37.8	38.8	39.8	40.8	41.8	42.8	43.8	44.8	45.8	46.8	47.8	48.9
22	25.3	26.2	27.2	28.2	29.2	30.2	31.2	32.2	33.2	34.2	35.2	36.2	37.2	38.2	39.2	40.2	41.2	42.3	43.2	44.2	45.2	46.2	47.2	48.2	49.2
21	25.6	26.6	27.6	28.6	29.6	30.6	31.6	32.6	33.6	34.6	35.6	36.6	37.6	38.6	39.6	40.6	41.6	42.6	43.6	44.6	45.6	46.6	47.6	48.6	49.6
20	26.0	27.0	28.0	29.0	30.0	31.0	32.0	33.0	34.0	35.0	36.0	37.0	38.0	39.0	40.0	41.0	42.0	43.0	44.0	45.0	46.0	47.0	48.0	49.0	50.0
19	26.4	27.4	28.4	29.4	30.4	31.4	32.4	33.4	34.4	35.4	36.4	37.4	38.4	39.4	40.4	41.4	42.4	43.4	44.4	45.4	46.4	47.4	48.4	49.4	50.4
18	26.7	27.8	28.8	29.8	30.8	31.8	32.8	33.8	34.8	35.8	36.8	37.8	38.8	39.8	40.8	41.8	42.8	43.8	44.8	45.8	46.8	47.8	48.8	49.8	50.7
17	27.1	28.1	29.2	30.2	31.2	32.2	33.2	34.2	35.2	36.2	37.2	38.2	39.2	40.2	41.2	42.2	43.2	44.2	45.2	46.2	47.2	48.2	49.2	50.1	51.1
16	27.5	28.5	29.5	30.6	31.6	32.6	33.6	34.6	35.6	36.6	37.6	38.6	39.6	40.6	41.6	42.6	43.6	44.6	45.6	46.6	47.6	48.6	49.5	50.5	51.5
15	27.9	28.9	29.9	31.0	32.0	33.0	34.0	35.0	36.0	37.0	38.0	39.0	40.0	41.0	42.0	43.0	44.0	45.0	46.0	47.0	47.9	48.9	49.9	50.9	51.9
14	28.3	29.3	30.4	31.4	32.4	33.5	34.3	35.4	36.4	37.4	38.4	39.4	40.4	41.4	42.4	43.4	44.4	45.4	46.4	47.3	48.3	49.3	50.3	51.3	52.2
13	28.7	29.7	30.8	31.8	32.8	33.9	34.9	35.9	36.8	37.8	38.8	39.8	40.8	41.8	42.8	43.8	44.8	45.8	46.7	47.7	48.7	49.7	50.7	51.6	52.6
12	29.1	30.2	31.2	32.2	33.3	34.3	35.3	36.3	37.3	38.2	39.2	40.2	41.2	42.2	43.2	44.2	45.2	46.1	47.1	48.1	49.1	50.1	51.0	52.0	53.0
11	29.5	30.6	31.6	32.7	33.7	34.7	35.7	36.7	37.7	38.7	39.6	40.6	41.6	42.6	43.6	44.6	45.6	46.5	47.5	48.5	49.5	50.4	51.4	52.4	53.4
10	29.9	31.0	32.0	33.1	34.1	35.1	36.1	37.1	38.1	39.1	40.1	41.0	42.0	43.0	44.0	45.0	46.0	46.9	47.9	48.9	49.8	50.8	51.8	52.8	53.7

酒精计示值

温度+20℃时用体积分数表示乙醇浓度

溶液温度/℃	1	2	3	4	5	6	7	8	9	10	11	12	13	14	15	16	17	18	19	20	21	22	23	24	25
35				1.6	2.4	3.3	4.3	5.2	6.0	6.8	7.9	8.7	9.6	10.4	11.2	12.1	12.8	13.6	14.5	15.2	16.0	16.9	17.9	18.8	19.6
34			0.6	1.8	2.6	3.5	4.5	5.3	6.2	7.1	8.1	8.9	9.8	10.6	11.5	12.4	13.1	13.9	14.8	15.5	16.4	17.2	18.2	19.1	20.0
33			0.8	1.9	2.8	3.7	4.7	5.5	6.4	7.3	8.3	9.1	10.0	10.9	11.8	12.6	13.4	14.2	15.1	15.8	16.7	17.6	18.6	19.4	20.3
32		0.1	0.9	2.1	3.0	3.8	4.8	5.7	6.6	7.5	8.5	9.4	10.2	11.0	12.0	12.9	13.6	14.5	15.4	16.2	17.0	17.9	18.9	19.8	20.7
31		0.2	1.1	2.2	3.1	4.0	5.0	5.9	6.8	7.7	8.7	9.6	10.5	11.4	12.2	13.1	13.9	14.8	15.7	16.5	17.4	18.3	19.3	20.2	21.0
30		0.4	1.2	2.4	3.3	4.2	5.2	6.1	7.0	7.9	8.9	9.8	10.7	11.6	12.5	13.4	14.2	15.1	16.0	16.8	17.7	18.6	19.6	20.5	21.4
29		0.6	1.4	2.5	3.5	4.4	5.4	6.3	7.2	8.2	9.1	10.0	10.9	11.8	12.7	13.6	14.5	15.4	16.3	17.2	18.0	19.0	19.9	20.8	21.8
28		0.8	1.6	2.7	3.7	4.6	5.6	6.5	7.5	8.4	9.3	10.3	11.2	12.1	13.0	13.9	14.8	15.7	16.6	17.5	18.4	19.3	20.2	21.2	22.1
27	0.1	1.0	1.8	2.9	3.9	4.8	5.8	6.7	7.7	8.6	9.5	10.5	11.4	12.3	13.2	14.1	15.1	16.0	16.9	17.8	18.7	19.6	20.6	21.5	22.5
26	0.3	1.1	1.9	3.1	4.0	5.0	6.0	6.9	7.9	8.8	9.8	10.7	11.7	12.6	13.5	14.4	15.4	16.3	17.2	18.1	19.0	20.0	20.9	21.9	22.8
25	0.4	1.3	2.1	3.2	4.2	5.2	6.2	7.1	8.1	9.0	10.0	10.9	11.9	12.8	13.8	14.7	15.6	16.6	17.5	18.4	19.4	20.3	21.3	22.2	23.2
24	0.6	1.4	2.3	3.4	4.4	5.4	6.3	7.3	8.3	9.2	10.2	11.2	12.1	13.1	14.0	15.0	15.9	16.9	17.8	18.7	19.7	20.7	21.6	22.6	23.5
23	0.7	1.6	2.4	3.6	4.6	5.5	6.5	7.5	8.4	9.4	10.4	11.4	12.3	13.3	14.3	15.2	16.2	17.1	18.1	19.0	20.0	21.0	22.0	22.9	23.9
22	0.9	1.7	2.6	3.7	4.7	5.7	6.7	7.7	8.6	9.6	10.6	11.6	12.6	13.6	14.5	15.5	16.5	17.4	18.4	19.4	20.4	21.3	22.3	23.3	24.3
21	1.0	1.9	2.7	3.9	4.8	5.8	6.8	7.8	8.8	9.8	10.8	11.8	12.8	13.8	14.8	15.7	16.7	17.7	18.7	19.7	20.7	21.7	22.6	23.6	24.6
20	1.1	2.0	2.9	4.0	5.0	6.0	7.0	8.0	9.0	10.0	11.0	12.0	13.0	14.0	15.0	16.0	17.0	18.0	19.0	20.0	21.0	22.0	23.0	24.0	25.0
19	1.2	2.1	3.0	4.1	5.1	6.1	7.2	8.2	9.2	10.2	11.2	12.2	13.2	14.2	15.2	16.3	17.3	18.3	19.3	20.3	21.3	22.3	23.3	24.4	25.4
18	1.3	2.2	3.1	4.2	5.3	6.3	7.3	8.3	9.3	10.4	11.4	12.4	13.4	14.4	15.5	16.5	17.6	18.6	19.6	20.6	21.6	22.6	23.7	24.7	25.7
17	1.4	2.3	3.2	4.4	5.4	6.4	7.4	8.5	9.5	10.5	11.5	12.6	13.6	14.7	15.7	16.8	17.9	18.9	19.9	20.9	22.0	23.0	24.0	25.1	26.1
16	1.5	2.4	3.4	4.5	5.5	6.5	7.6	8.6	9.6	10.7	11.7	12.8	13.8	14.9	15.9	17.0	18.1	19.2	20.2	21.2	22.3	23.3	24.4	25.4	26.5
15	1.6	2.5	3.4	4.6	5.6	6.6	7.7	8.8	9.8	10.8	11.9	12.9	14.0	15.1	16.2	17.2	18.3	19.4	20.5	21.6	22.6	23.7	24.7	25.8	26.8
14	1.7	2.6	3.6	4.7	5.7	6.7	7.8	8.9	9.9	11.0	12.0	13.1	14.2	15.3	16.4	17.5	18.6	19.7	20.8	21.9	23.0	24.0	25.1	26.2	27.2
13	1.8	2.7	3.6	4.8	5.8	6.8	7.9	9.0	10.1	11.1	12.2	13.2	14.4	15.5	16.6	17.7	18.8	20.0	21.1	22.2	23.3	24.4	25.4	26.5	27.6
12	1.8	2.8	3.7	4.8	5.9	6.9	8.0	9.1	10.2	11.2	12.3	13.4	14.5	15.7	16.8	18.0	19.1	20.2	21.4	22.5	23.6	24.7	25.8	26.9	28.0
11	1.8	2.8	3.8	4.9	6.0	7.0	8.1	9.2	10.3	11.3	12.4	13.6	14.7	15.8	17.0	18.2	19.4	20.5	21.7	22.8	23.9	25.0	26.2	27.3	28.4
10	1.8	2.9	3.9	5.0	6.0	7.1	8.2	9.3	10.4	11.4	12.6	13.7	14.9	16.0	17.2	18.4	19.6	20.8	22.0	23.1	24.3	25.4	26.6	27.7	28.8

练一练

如何测定生乳的相对密度？

1. 通过查阅哪些食品安全国家标准来制订检验方案？

答：

2. 需要准备什么仪器？

序号	名称	型号规格	个数
1	乳稠计		
2	量筒		
3	温度计		
4	⋮		

3. 需要准备什么材料？

序号	材料名称	状态	克数/g
1	生乳		
2	⋮		

4. 操作步骤：

(1)

(2)

(3)

5. 数据记录及处理：

检测数据	名称	1	2	3	平均值
1	温度/℃				
2	乳稠计读数				
7	计算公式				

6. 计算结果及结论：

7. 操作过程中需要注意什么？

(1)

(2)

项目 2-4　食品折光率的测定

想一想

1. 溶液浓度与折光率有何关系？
2. 手持式折光仪器和阿贝折光仪各有何优缺点？

读一读

▶ 一、折光法的含义

通过测量物质的折射率（又称折光率）来鉴别物质组成,确定物质的纯度、浓度及判断物质的品质的分析方法称折光法。在食品分析中,折光法主要用于油脂、乳品的分析和果汁、饮料中可溶性固形物含量的测定。

▶ 二、测定折光法的意义

折射率和密度一样,是物质重要的物理常数,它反映了物质的均一程度和纯度。通过测定液态食品的折射率,可鉴别食品的组成和浓度,判断食品的纯度及品质。

折射率可用于食用油的定性鉴定。各种油脂具有一定的脂肪酸构成,每种脂肪酸均有其特定的折射率。含碳原子数目相同时,不饱和脂肪酸的折射率比饱和脂肪酸的折射率大得多;不饱和脂肪酸分子量越大,折射率也越大;酸度高的油脂折射率低。因此,测定折射率可鉴别油脂的纯度和品质。油脂的折射率还与密度有关,密度大的油脂其折射率也高。

例如,20℃时菜籽油的折射率为 1.471 0～1.475 5,棕榈油折射率为 1.456～1.459（40℃）。在菜籽油中掺入棕榈油后折射率降低。棕榈油虽然不影响食用,对人体健康也无害,但其价格较低。

乳品也可用折光仪来测定牛乳中乳糖的百分含量。例如,正常牛乳乳清的折射率为

1.341 99～1.342 75,牛乳掺水后折射率降低,如果折射率低于1.341 28,即为掺水无疑。

蔗糖溶液的折射率随浓度增大而升高。用折光仪可测定糖液的浓度以及饮料、糖水水果罐头的糖度,还可测定以糖为主要成分的食品(如果汁、蜂蜜、糖浆等)的可溶性固形物。

必须指出,含有不溶性固形物的食品(如果浆、果酱、果泥等),不能用折光法直接测出总固形物,因为固体粒子不能在折光仪上反映其折射率。但对于番茄酱等个别食品,已通过实验制成了总固形物与可溶性固形物关系表,因此可先用折光仪测定其可溶性固形物含量,再通过查表查出总固形物的含量。

▶ 三、食品中可溶性固形物含量与折射率的关系

光线从一种透明介质射到另一种透明介质时会产生折射现象,光的折射是由于光线在各种介质中的传播速度不同而造成的。一种物质(透明介质)的绝对折射率,是指光线在真空中的传播速度 c 和在该物质中的传播速度 v 之比,以 n 表示(简称折射率或折光率)。

$$n = \frac{c}{v} = \frac{\sin\alpha_1}{\sin\alpha_2}$$

式中:α_1、α_2——分别为入射角和折射角。

因为空气的折射率接近于1(用钠光为光源时为1.000 27),所以通常用折光仪测得物质的折射率都是以空气作为对比的相对折射率。例如纯水的相对折射率 $n_D^{20} = 1.332\ 99$,表示20℃用钠光灯D线照射所测得的水的折射率。

各种物质的折射率都在一定的范围,当温度、物质的纯度和溶液的浓度发生变化时,折射率也发生变化。液体食品的折射率如同密度一样,随着可溶性固形物浓度的增大而递增。对于同一液体食品而言,其折射率的大小取决于溶液浓度的大小。

▶ 四、阿贝折光仪的构造和性能

(一)阿贝折光仪的构造

阿贝折光仪的构造如图2-4-1所示,其光学系统由望远镜系统和读数系统两部分组成(如图2-4-2所示)。

1.观测系统

光线由反光镜1反射,经进光棱镜2、折射棱镜3以及两棱镜间的被测样液薄层折射后射出。再经色散补偿器4抵消由于折射棱镜及被测样液所产生的色散,由物镜5将明暗分界线成像于分划板6上,经目镜7、放大镜8放大后成像于观测者眼中。

2.读数系统

光线由小反光镜14反射,经毛玻璃13射到刻度盘12上,经转向棱镜11及物镜10将刻度成像于分划板9上,通过目镜7、放大镜8放大后成像于观测者眼中。当旋动棱镜调节旋钮2时棱镜摆动,当视野内明暗分界线通过十字交叉点,则表示光线从棱镜入射角达到了

临界角。当测定不同的样液时,因折射率不同,故临界角的数值也不同,在读数镜筒中即可读取折射率,或糖液浓度,或可溶性固形物含量。

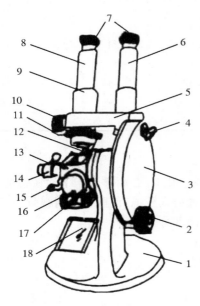

图 2-4-1　阿贝折光仪

1.底座　2.棱镜调节旋钮　3.圆盘组(内有刻度板)
4.小反光镜　5.支架　6.读数镜筒　7.目镜　8.观察镜筒
9.分界线调节旋钮　10.消色散调节旋钮　11.色散刻度尺
12.棱镜锁紧扳手　13.棱镜组　14.温度计插座
15.恒温器接头　16.保护罩　17.主轴　18.反光镜

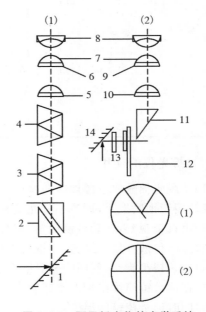

图 2-4-2　阿贝折光仪的光学系统

1.反光镜　2.进光棱镜　3.折射棱镜
4.色散补偿器　5,10.物镜　6,9.分划板
7.目镜　8.放大镜　11.转向棱镜　12.刻度盘
13.毛玻璃　14.小反光镜

(二)阿贝折光仪的性能

阿贝折光仪的性能:折射率刻度范围 1.300 0～1.700 0,测量精确度±0.000 3;可测量糖溶液的浓度范围为 0～95%(相当于折射率 1.333～1.531),测定温度为 10～50℃内的折射率。

五、折光仪的校正、使用和维护

(一)折光仪的校正

通常用测定蒸馏水折射率的方法进行折光仪的校正,即在标准温度 20℃下折光仪应表示出折射率为 1.332 99 或可溶性固形物为 0。若校正时温度不是 20℃,应查"蒸馏水的折射率表"(表 2-4-1),以该温度下蒸馏水的折射率进行核准。对于高刻度值部分,常用具有一定折射率的标准玻璃块(仪器附件)来校正。方法是打开进光棱镜,在标准玻璃块的抛光面上滴上一滴溴化萘,将其粘在折射棱镜表面上,使标准玻璃块抛光的一端向下以接受光线,读出的折射率应与标准玻璃块的折射率一致。校正时若读数有偏差,可先使读数指示于蒸馏水或标准玻璃块的折射率值,再调节分界线调节旋钮,直至明暗分界线恰好通过十字交叉点。在以后的测定过程中,不许再动分界线调节旋钮。

表 2-4-1　蒸馏水(纯水)的折射率

温度/℃	纯水折射率	温度/℃	纯水折射率	温度/℃	纯水折射率
10	1.333 71	17	1.333 24	24	1.332 63
11	1.333 63	18	1.333 16	25	1.332 53
12	1.333 59	19	1.333 07	26	1.332 42
13	1.333 53	20	1.332 99	27	1.332 31
14	1.333 46	21	1.332 90	28	1.332 20
15	1.333 39	22	1.332 81	29	1.332 08
16	1.333 32	23	1.332 72	30	1.331 96

(二)折光仪的使用

(1)用脱脂棉蘸取乙醇擦净两棱镜表面,挥干乙醇。滴 1~2 滴样液于下面棱镜的中央,迅速旋转棱镜锁紧扳手,调节小反光镜和反光镜至光线射入棱镜,使两镜筒内视野明亮。

(2)由目镜观察,转动棱镜旋钮,使视野呈现明暗两部分。

(3)旋转色散补偿器旋钮,使视野中只有黑白两色。

(4)旋转棱镜旋钮,使明暗分界线在十字线交叉点。

(5)在读数镜筒读出折射率或质量百分浓度。

(6)同时记录棱镜的温度。

(7)对颜色较深的样液进行测定时,应采用反光法测定,以减少误差。即取下保护罩作为进光面,使光线间接射入而观察之,其余操作相同。

(8)打开棱镜,若所测定的是水溶性样液,棱镜用脱脂棉吸水擦拭干净;若是油类样液,则用乙醇或乙醚、二甲苯等擦拭。

折光仪上的刻度是在标准温度 20℃ 下刻制的,故折射率测定最好在 20℃ 下进行。若测定温度不是 20℃,应查表对测定结果进行温度校正。因为温度升高溶液的折射率减小,温度降低折射率增大,因此,当测定温度高于 20℃ 时,应加上校正数;低于 20℃ 则减去校正数。例如,在 25℃ 下测得果汁的可溶性固形物含量为 15%,查"糖液折光温度改正表"得校正值 0.37,则该果汁可溶性固形物的准确含量为 15% + 0.37% = 15.37%。

(三)折光仪的维护

(1)仪器应放在干燥、空气流通的室内,防止受潮后光学零件发霉。

(2)仪器使用完毕须进行清洁并挥干后放入贮有干燥剂的箱内,防止湿气和灰尘侵入。

(3)严禁油手或汗手触及光学零件,如光学零件不清洁,可先用汽油后用二甲苯擦干净。切勿用硬质物料触及棱镜,以防损伤。

(4)仪器应避免强烈振动或撞击,以免光学零件损伤而影响精度。

▶ 六、举例

例:饮料中可溶性固形物含量的测定(折光法 GB/T 12143—2008)

1.测定原理

在 20℃ 用折光计测量待测样液的折光率,并用表 2-4-2 查得或从折光计上直接读出可溶性固形物含量。

2. 仪器

(1)实验室常用仪器。

(2)阿贝折光仪或其他折光仪器:测量范围 0～80%,精确度±0.1%。

(3)组织捣碎机。

3. 试验样品的制备

(1)透明液体制品:充分混匀后直接测定。

(2)半黏稠制品(果浆、菜浆类):将试样充分混匀,用 4 层纱布挤出滤液,弃去最初几滴,收集滤液供测试用。

(3)含悬浮物质制品(果粒果汁饮料):将待测样品放置于组织捣碎机中捣碎,用 4 层纱布挤出滤液,弃去最初几滴,收集滤液供测试用。

4. 测定步骤

(1)测定前按说明书校正折光计,以阿贝折光计为例,其他折光计按说明书操作。

(2)分开折光计两面棱镜,用脱脂棉蘸乙醚或乙醇擦净。

(3)用末端熔圆之玻璃棒蘸取试液 2～3 滴,滴于棱镜面中央(注意勿使玻璃棒触及镜面),迅速闭合棱镜,静置 1 min,使试液均匀无气泡,并充满视野。

(4)对准光源,通过目镜观察,调节刻度旋钮,使明暗界线恰好通过十字交叉点上。

(5)读取可溶性固形物的百分数,并记录棱镜温度。

(6)将读取的可溶性固形物的百分含量查表 2-4-2 换算为 20℃时的可溶性固形物的百分含量。

同一样品两次测定值之差不应大于 0.5%。取两次测定的算术平均值作为结果,精确到小数点后一位。

表 2-4-2　可溶性固形物对温度的换算表(20℃)

温度/℃	固形物含量 %														
	0	5	10	15	20	25	30	35	40	45	50	55	60	65	70
	应减去之校正值														
10	0.50	0.54	0.58	0.61	0.64	0.66	0.68	0.70	0.72	0.73	0.74	0.75	0.76	0.78	0.79
11	0.46	0.49	0.53	0.55	0.58	0.60	0.62	0.64	0.65	0.66	0.67	0.68	0.69	0.70	0.71
12	0.42	0.45	0.48	0.50	0.52	0.54	0.56	0.57	0.58	0.59	0.60	0.61	0.61	0.63	0.63
13	0.37	0.40	0.42	0.44	0.46	0.48	0.49	0.50	0.51	0.52	0.53	0.54	0.54	0.55	0.55
14	0.33	0.35	0.37	0.39	0.40	0.41	0.42	0.43	0.44	0.45	0.45	0.46	0.46	0.47	0.48
15	0.27	0.29	0.31	0.33	0.34	0.34	0.35	0.36	0.37	0.37	0.38	0.39	0.39	0.40	0.40
16	0.22	0.24	0.25	0.26	0.27	0.28	0.28	0.29	0.30	0.30	0.30	0.31	0.31	0.32	0.32
17	0.17	0.18	0.19	0.20	0.21	0.21	0.21	0.22	0.22	0.23	0.23	0.23	0.23	0.24	0.24
18	0.12	0.13	0.13	0.14	0.14	0.14	0.14	0.15	0.15	0.15	0.16	0.16	0.16	0.16	0.16
19	0.06	0.06	0.06	0.07	0.07	0.07	0.07	0.08	0.08	0.08	0.08	0.08	0.08	0.08	0.08

续表 2-4-2

温度/℃	固形物含量 %														
	0	5	10	15	20	25	30	35	40	45	50	55	60	65	70
	应加入之校正值														
21	0.06	0.07	0.07	0.07	0.07	0.08	0.08	0.08	0.08	0.08	0.08	0.08	0.08	0.08	0.08
22	0.13	0.13	0.14	0.14	0.15	0.15	0.15	0.15	0.15	0.16	0.16	0.16	0.16	0.16	0.16
23	0.19	0.20	0.21	0.22	0.22	0.23	0.23	0.23	0.23	0.24	0.24	0.24	0.24	0.24	0.24
24	0.26	0.27	0.28	0.29	0.30	0.30	0.31	0.31	0.31	0.31	0.31	0.32	0.32	0.32	0.32
25	0.33	0.35	0.36	0.37	0.38	0.38	0.39	0.40	0.40	0.40	0.40	0.40	0.40	0.40	0.40
26	0.40	0.42	0.43	0.44	0.45	0.46	0.47	0.48	0.48	0.48	0.48	0.48	0.48	0.48	0.48
27	0.48	0.50	0.52	0.53	0.54	0.55	0.55	0.56	0.56	0.56	0.56	0.56	0.56	0.56	0.56
28	0.56	0.57	0.60	0.61	0.62	0.63	0.63	0.64	0.64	0.64	0.64	0.64	0.64	0.64	0.64
29	0.64	0.66	0.68	0.69	0.71	0.72	0.72	0.73	0.73	0.73	0.73	0.73	0.73	0.73	0.73
30	0.72	0.74	0.77	0.78	0.79	0.80	0.80	0.81	0.81	0.81	0.81	0.81	0.81	0.81	0.81

 练一练

如何测定果汁中的可溶性固形物含量?

1.通过查阅哪些食品安全国家标准来制订检验方案?

答:

2.需要准备什么仪器?

序号	名称	型号规格	个数
1	阿贝折光仪或手持式折光仪		
2	组织捣碎机		
3	温度计		
4	⋮		

3.需要准备什么材料?

序号	材料名称	状态	克数/g
1	果汁		
2	⋮		

4.操作步骤:

(1)

(2)

(3)

5.数据记录及处理：

检测数据	名称	1	2	3	平均值
1	温度/℃				
2	折光仪读数				
3	计算公式				

6.计算结果及结论：

7.操作过程中需要注意什么？
（1）
（2）

模块 2　食品感官与物理检验

项目 2-5　食品色泽的测定

任务 2-5-1　测定植物油的色泽

想一想

1. 精制花生油为什么色泽较浅？
2. 花生油的色泽如何测定？

读一读

▶ 一、测定原理

　　罗维朋色标度是一种特殊的色度单位，能够简单、直观地测量各种颜色。其原理是将被测物质的颜色和滤色片的颜色通过光路分别呈现在目镜的左右视场中，调节滤色片使两部分的颜色相同或一致，此时仪器所指示的罗维朋色标度就是被测物质的色度。

▶ 二、仪器和用具

　　罗维朋比色计；漏斗、锥形瓶、滴管、滤纸等。

▶ 三、测定步骤

　　放平仪器，开启电池预热 5～10 min，安装观测筒，检验光源是否良好。取油样注入比色皿中，将比色皿放入比色槽内，用黄色和红色滤色片进行调色，直至滤色片色泽与油样色泽完全相同为止。

四、结果表示

记录黄色、红色滤色片各处的色值的总数,即为被测油样的色值。
结果允许差值不超过 0.2。

五、说明及注意事项

(1)为了保证仪器的最佳色温状态,灯泡一般使用 200 h 后应同时更换。
(2)比色箱内壁的白色应尽量避免污染,比色皿每次使用后必须洗净,滤片可用酒精乙醚(各 50%)擦拭或清洗。
(3)仪器应注意防尘,放置仪器的房间不得吸烟。

任务 2-5-2　测定啤酒的色度

想一想

1. 为什么优质啤酒色度较低?
2. 怎样降低啤酒产品的色度?

读一读

啤酒色度的测定可参照《中华人民共和国国家标准　啤酒分析方法》(GB/T 4928—2008)中的 EBC 比色计法测定。

一、测定原理

将除气后的酒样注入 EBC 比色计中的比色皿中,与标准 EBC 色盘比较,目视读取或自动数字显示出试样的色度,以色度单位 EBC 表示。

二、仪器

EBC 比色计(或使用同等分析效果的仪器);具有 2～27 EBC 单位的目视色度盘或自动数据处理与显示装置。

▶ 三、试剂和溶液

哈同(Hartog)基准溶液:称取重铬酸钾($K_2Cr_2O_7$)0.1 g,(精确到 0.001 g)和亚硝酰铁氰化钠{$Na_2[Fe(CN)_5NO]·2H_2O$} 3.5 g,(精确到 0.001 g),用水溶解并定容至 1 000 mL,贮于棕色瓶中,于暗处放置 24 h 后使用。

▶ 四、测定步骤

1.仪器校正

将哈同溶液注入 40 mm 比色皿中,用色度计测定。其标准色度应为 15 EBC 单位;若使用 25 mm 比色皿,其标准色度应为 9.4 EBC 单位。仪器的校正应每月一次。

2.测定

将除气后的酒样注入 25 mm 比色皿中,然后放入比色盒内,与标准色盘进行比较,当两者色调一致时直接读数。或使用自动数字显示色度计,自动显示、打印其结果。

▶ 五、结果计算

试样的色度按下式计算(如使其他规格的比色皿,则需换算成标准比色皿的数据):

$$S_1 = \frac{S_2}{H} \times 25$$

式中:S_1——试样的色度,EBC;

S_2——实测色度,EBC;

H——使用比色皿厚度,mm;

25——换算成标准比色皿的厚度,mm。

测定浓色和黑色啤酒时,需要将酒样稀释至合适的倍数,然后将测定结果乘以稀释倍数。所得结果表示至一位小数。

在重复条件下获得的两次独立测定值之差,色度为 2～10 EBC 时,不得大于 0.5 EBC;色度大于 10 EBC 时,稀释样平均测定值之差不得大于 1 EBC。

 答一答

一、思考题

1.《食品标识管理规定》与《预包装食品标签通则》有哪些区别?

2.如何制作或修正食品营养标签?

3.目前国产预包装食品标签主要存在哪些不规范的问题？

4.使用阿贝折光仪测定植物油的折光率时应注意哪些问题？

5.使用比较测色仪测定食品色泽时,如何做到较快且结果较准确？

二、判断题(下列判断正确的请打"√",错误的请打"×")

1.色、香、味、形、质地、口感等属于食品的感官特性。

2.食品的相对密度、折光率属于食品的物理常数。

3.面包的比容的测定属于物理检验的方法。

4.感官检验不合格的产品,即可判定产品不合格。

5.感官检验的结果容易受到人的心理和生理等方面的影响。

6.视觉评价应在自然光或类似自然光下进行。

7.食品的感官特性反映了食品的内在品质。

8.我国对食品的感官指标主要采用定性描述法。

9.食品标签是指预包装食品包装上的文字、图形、符号以及一切说明物。

10.饮料是专用名称,橙汁饮料是通用名称。

11.标注标签上的配料表时,各种配料应按制造或加工食品时加入量的递减顺序——排列;加入量不超过 2% 的配料可以不按递减顺序排列。

12.辐照食品是指经电离辐射线或电离能量处理过的食品。

13.食醋、食用盐、固态食糖类和味精也需要标示保质期。

14.在食品标签上这样的日期标示方法是错误的:20 日 3 月 2010 年或 3 月 20 日 2010 年。

15.《预包装食品标签通则》规范的主体是"预包装食品"的标签,而《食品标识管理规定》的主体是所有食品的标签,非"预包装食品"的标签也须遵守此规定。

16.营养标签中的核心营养素包括蛋白质、脂肪、碳水化合物和钙。

17.进口预包装食品无中文标签的,应判定其标签不合格。

18.比重计法与密度瓶法相比较,其测定结果的精确度较高。

19.用蒸馏水校正阿贝折光仪时,在标准温度 20℃ 下折光仪应表示出折射率为 1.333 0 或可溶性固形物为 0%。

20.采用比较测色仪测定食品的色泽时,应首先感官目测食品的色泽构成,然后再进行调色。

三、简答题

1.什么是食品感官检验？

2.食品感官评价通常包括哪些方面？

3.什么是预包装食品？

4.什么是生产日期(制造日期)？

5.什么是保质期？

6.什么是配料的定量标示？

7.什么是净含量？

8.净含量应标于标签何处？

9. 食品标签上的日期标示主要标示什么内容?

10. 食品标签上日期的标示可以有哪些形式?

11. 食品标签上保质期的标示可以有哪些形式?

12.《食品标识管理规定》是否能取代《预包装食品标签通则》? 为什么?

13. 什么是食品的物理检验?

14. 说明采用密度瓶测定液态食品相对密度的原理。

15. 说明采用比重计(密度计)测定液态食品相对密度的方法。

16. 为什么测定折射率可鉴别油脂的纯度和品质?

17. 说明罗维朋测定食品色泽的原理。

模块 3　食品一般成分检验

学习目标

1. 认知食品检验用水及试剂的种类；
2. 认知常用洗液的配制与使用方法；
3. 能熟练配制与标定标准溶液；
4. 能进行食品一般成分的测定。

思政目标

1. 树立正确的价值观；
2. 树立学生质量意识和规范意识；
3. 培养安全意识、提高处理突发安全事故的能力；
4. 培养团结协作和沟通能力。

项目 3-1 分析用试剂和样品溶液的制备

任务 3-1-1 分析用试剂溶液的制备

想一想

1. 普通分析实验中常用的水是什么水？
2. 根据国家标准，试剂可分为几类？分别是什么？

读一读

▶ **一、检验用水的要求**

水是最常用的溶剂，在食品分析检验中离不开蒸馏水或特殊用途的去离子水。在未标注的情况下，无论是配制试剂用水，还是分析检验操作过程中加入的水，均视为纯度能满足分析要求的蒸馏水或去离子水。

（一）常见的检验用水

1. 普通蒸馏水

将普通水加热到沸腾使之汽化，再将汽化水冷却为液体的水，即成为普通蒸馏水（简称蒸馏水）。在实验室中制备蒸馏水，多采用石英管加热的硬质玻璃蒸馏水器，蒸馏时最好用去离子水作为水源。

2. 特殊蒸馏水

由于普通蒸馏水中常含有二氧化碳、挥发性酸、氨和微量金属离子，所以在进行微量物质检测时，往往还需将普通蒸馏水进行特殊处理。特殊蒸馏水包括无氨蒸馏水、无二氧化碳蒸馏水和无酚蒸馏水等。

3.重蒸馏水

水经过一次蒸馏,不挥发的组分(盐类)残留在容器中被除去,挥发的组分(氨、二氧化碳、有机物)还可以残留在蒸馏水中。因此,要想获得更纯净的水,必须进行二次或多次蒸馏才可以获得。经过二次或多次蒸馏、冷凝操作的水,称为重蒸馏水。

4.去离子水

去离子水是指除去了呈离子形式杂质后的纯水。通常采用离子交换树脂处理方法来去除水中的阴离子和阳离子杂质。

(二)检验用水的级别

依照国家标准 GB/T 6682—2008《分析实验室用水规格和试验方法》,我国实验室用水可分为 3 个级别,即一级水、二级水和三级水。

一级水:用于有严格要求的分析试验,包括对颗粒有要求的试验。如高效液相色谱分析用水。可用二级水通过石英设备蒸馏或离子交换混合床处理后,再经过 0.2 μm 微孔滤膜过滤制备。

二级水:用于无机痕量分析等试验,如原子吸收光谱分析用水。可用多次蒸馏或离子交换等方式制备。

三级水:用于一般化学分析试验。可用蒸馏或离子交换等方式制备。

中国实验室用水的规格和主要指标见表 3-1-1。

表 3-1-1 中国实验室用水的规格和主要指标

名称	一级	二级	三级
pH 范围(25℃)	—	—	5.0~7.5
电导率(25℃)/(mS/m)	≤0.01	≤0.10	≤0.50
比电阻(25℃)/(MΩ·cm)	≥10	≥1	≥0.2
可氧化物质(以 O 计)/(mg/L)	—	≤0.08	≤0.40
吸光度(254 nm,1 cm 光程)	≤0.001	≤0.01	—
蒸发残渣(105℃±2℃)含量/(mg/L)	—	≤1.0	≤2.0
可溶性硅(以 SiO_2 计)含量/(mg/L)	≤0.01	≤0.02	—

二、检验用试剂的要求

实验室用化学试剂是符合一定质量标准的纯度较高的化学物质,它是分析检验工作的物质基础。试剂的纯度对食品分析检验很重要,会影响结果的准确性。能否正确选择、正确使用实验室用化学试剂,将直接影响食品分析检验工作的准确度及检验成本。

(一)试剂的分级

根据国家标准 GB 15346—2012《化学试剂 包装及标志》中规定,我国的试剂可分为通用试剂(包括优级纯、分析纯、化学纯)、基准试剂和生物染色剂等级别。

国家和主管部门颁布质量指标的主要有优级纯、分析纯、化学纯和普通试剂 4 种。

（1）优级纯（GR）为一级品，这种试剂纯度最高，杂质含量最低，适合于重要精密的分析工作和科学研究工作，使用绿色瓶签。

（2）分析纯（AR）为二级品，纯度很高，略次于优级纯，适合于重要分析及一般研究工作，使用红色瓶签。

（3）化学纯（CP）为三级品，纯度与分析纯相差较大，适用于工矿、学校一般分析工作，使用蓝色瓶签。

（4）普通试剂（LR）又称实验试剂，为四级品，纯度较化学纯低，但高于工业用的试剂，适用于一般定性检验，不用于分析工作，使用黄色瓶签。

（二）试剂的使用

各种实验室用化学试剂要根据检验项目的要求和检验方法的规定，合理、正确地选择使用，不要盲目地追求高纯度。例如，配制洗液时仅需工业用的试剂即可，若用过高纯度的试剂则必定造成浪费。

食品检验中通常使用分析纯（AR）的试剂，对于容量分析常用的标准溶液，应采用分析纯的试剂配制，再用基准试剂标定。对于酶制剂应根据其纯度、活性和保存条件及有效期限正确地选择使用。

▶ 三、标准滴定溶液的配制与标定（参照 GB/T 601—2016）

（一）盐酸标准滴定溶液[$c(HCl)=1\ mol/L$]

（1）配制：量取 90 mL 盐酸，加适量水并稀释至 1 000 mL。

（2）标定：准确称取 1.5 g 在 270～300℃干燥至恒量的基准无水碳酸钠，加 50 mL 水使之溶解，加 10 滴溴甲酚绿-甲基红混合指示液，用配制的盐酸溶液滴定至溶液由绿色转变为暗红色，煮沸 2 min，冷却至室温，继续滴定至溶液由绿色再变为暗红色。同时做试剂空白试验。

（3）计算：

$$c(HCl)=\frac{m}{(V_1-V_2)\times 0.053\,0}$$

式中：$c(HCl)$—盐酸标准滴定溶液的实际浓度，mol/L；

　　　m—基准无水碳酸钠的质量，g；

　　　V_1—盐酸标准滴定溶液用量，mL；

　　　V_2—试剂空白试验中盐酸标准滴定溶液用量，mL；

　　　0.053 0—与 1.00 mL 盐酸标准滴定溶液[$c(HCl)=1\ mol/L$]相当的基准无水碳酸钠的质量，g。

$c(HCl)=0.5\ mol/L$ 和 $c(HCl)=0.1\ mol/L$ 标准溶液的配制和标定可以按上述方法进行，改变参数见下表。

需配制标准溶液的浓度/（mol/L）	配制时取盐酸的体积/mL	标定时称取基准物质的质量/g	溶解基准物质的水量/mL
$c(HCl)=0.5$	45	0.8	50
$c(HCl)=0.1$	9	0.15	50

（二）硫酸标准滴定溶液$[c(1/2H_2SO_4)=1\ mol/L]$

（1）配制：量取 30 mL 硫酸，缓缓注入适量水中，冷却至室温后用水稀释至 1 000 mL，混匀。

（2）标定：按盐酸标准滴定溶液$[c1/2(HCl)=1\ mol/L]$标定方法操作。

（3）计算：

$$c(1/2H_2SO_4)=\frac{m}{(V_1-V_2)\times 0.053\ 0}$$

式中：$c(1/2\ H_2SO_4)$——硫酸标准滴定溶液的实际浓度，mol/L；

m——基准无水碳酸钠的质量，g；

V_1——硫酸标准滴定溶液用量，mL；

V_2——试剂空白试验中硫酸标准滴定溶液用量，mL；

0.053 0——与 1.00 mL 硫酸标准滴定溶液$[c(1/2H_2SO_4)=1\ mol/L]$相当的基准无水碳酸钠的质量，g。

$c(1/2H_2SO_4)=0.5\ mol/L$ 和 $c(1/2\ H_2SO_4)=0.1\ mol/L$ 标准溶液的配制和标定可以按上述方法进行，改变参数见下表。

需配制标准溶液的浓度/(mol/L)	配制时取硫酸的体积/mL	标定时称取基准物质的质量/g	溶解基准物质的水量/mL
$c(1/2\ H_2SO_4)=0.5$	15	0.8	50
$c(1/2\ H_2SO_4)=0.1$	3	0.15	50

（三）氢氧化钠标准滴定溶液$[c(NaOH)=1\ mol/L]$

（1）配制：称取 120 g 氢氧化钠，加 100 mL 水，振摇使之溶解成饱和溶液，冷却后置于聚乙烯塑料瓶中，密塞，放置数日，澄清后备用。吸取 56 mL 澄清的氢氧化钠饱和溶液，加适量新煮沸过的冷水至 1 000 mL，摇匀。

（2）标定：准确称取 6 g 在 105～110℃干燥至恒量的基准邻苯二甲酸氢钾，加 80 mL 新煮沸过的冷水，使之尽量溶解，加 2 滴酚酞指示液，用配制的氢氧化钠溶液滴定至溶液呈粉红色，并保持 30 s 不褪色。同时做空白试验。

（3）计算：

$$c(NaOH)=\frac{m}{(V_1-V_2)\times 0.204\ 2}$$

式中：$c(NaOH)$——氢氧化钠标准滴定溶液的实际浓度，mol/L；

m——基准邻苯二甲酸氢钾的质量，g；

V_1——氢氧化钠标准滴定溶液用量，mL；

V_2——空白试验中氢氧化钠标准滴定溶液用量，mL；

0.204 2——与 1.00 mL 氢氧化钠标准滴定溶液$[c(NaOH)=1\ mol/L]$相当的基准邻苯二甲酸氢钾的质量，g。

$c(NaOH)=0.5\ mol/L$ 和 $c(NaOH)=0.1\ mol/L$ 标准溶液的配制和标定可以按上述方

法进行,改变参数见下表。

需配制标准溶液的浓度/(mol/L)	配制时取氢氧化钠饱和溶液的体积/mL	标定时称取基准物质的质量/g	溶解基准物质的水量/mL
$c(NaOH)=0.5$	28	3	80
$c(NaOH)=0.1$	5.6	0.6	50

（四）高锰酸钾标准滴定溶液$[c(1/5\ KMnO_4)=0.1\ mol/L]$

（1）配制:称取 3.3 g 高锰酸钾,加 1 000 mL 水。缓缓煮沸 15 min,冷却,于暗处加塞静置 2 周以上,用垂融漏斗过滤,置于具玻璃塞的棕色瓶中密塞保存。

（2）标定:准确称取 0.2 g 在 105～110℃ 干燥至恒量的基准草酸钠。加入 250 mL 新煮沸过的冷水、10 mL 硫酸,搅拌使之溶解。迅速加入约 25 mL 高锰酸钾溶液,待褪色后,加热至 65℃,继续用高锰酸钾溶液滴定至溶液呈微红色,保持 30 s 不褪色。在滴定终了时,溶液温度应不低于 55℃。同时做空白试验。

（3）计算:

$$c(1/5KMnO_4)=\frac{m}{(V_1-V_2)\times0.067\ 0}$$

式中:$c(1/5KMnO_4)$——高锰酸钾标准滴定溶液的实际浓度,mol/L;

m——基准草酸钠的质量,g;

V_1——高锰酸钾标准滴定溶液用量,mL;

V_2——试剂空白试验中高锰酸钾标准滴定溶液用量,mL;

0.067 0——与 1.00 mL 高锰酸钾标准滴定溶液$[c(1/5\ KMnO_4)=1\ mol/L]$相当的基准草酸钠的质量,g。

（五）草酸标准滴定溶液$[c(1/2\ H_2C_2O_4\cdot2H_2O)=0.1\ mol/L]$

（1）配制:称取约 6.4 g 二水合草酸,加适量的水使之溶解并稀释至 1 000 mL,混匀。

（2）标定:吸取 25.00 mL 草酸标准滴定溶液,加入 250 mL 新煮沸过的冷水、10 mL 硫酸,搅拌使之溶解。迅速加入约 25 mL 高锰酸钾溶液,待褪色后,加热至 65℃,继续用高锰酸钾溶液滴定至溶液呈微红色,保持 30 s 不褪色。在滴定终了时,溶液温度应不低于 55℃。同时做空白试验。

（3）计算:

$$c(1/2H_2C_2O_4)=\frac{(V_1-V_2)}{V}\cdot c(1/5KMnO_4)$$

式中:$c(1/2H_2C_2O_4)$——草酸标准滴定溶液的实际浓度, mol/L;

V_1——高锰酸钾标准滴定溶液用量,mL;

V_2——试剂空白试验中高锰酸钾标准滴定溶液用量,mL;

$c(1/5KMnO_4)$——高锰酸钾标准滴定溶液的浓度,mol/L;

V——草酸标准滴定溶液用量,mL。

(六)硝酸银标准滴定溶液$[c(AgNO_3)＝0.1mol/L]$

(1)配制:称取 17.5 g 硝酸银,加入适量水使之溶解,并稀释至 1 000 mL,混匀,避光保存。

(2)标定:准确称取 0.2 g 在 270℃ 干燥至恒量的基准氯化钠,加入 50 mL 水使之溶解。加入 5mL 淀粉指示液,边摇动边用硝酸银标准滴定溶液避光滴定,近终点时,加入 3 滴荧光黄指示液,继续滴定混浊液由黄色变为粉红色。

(3)计算:

$$c(AgNO_3)＝\frac{m}{V\times0.058\,44}$$

式中:$c(AgNO_3)$——硝酸银标准滴定溶液的实际浓度,mol/L;

  m——基准氯化钠的质量,g;

  V——硝酸银标准滴定溶液用量,mL;

  0.058 44——与 1.00 mL 硝酸银标准滴定溶液$[c(AgNO_3)＝1\ mol/L]$相当的基准氯化钠的质量,g。

(七)碘标准滴定溶液$[c(1/2\ I_2)＝0.1\ mol/L]$

(1)配制:称取 13.5 g 碘,加 36 g 碘化钾、50 mL 水,溶解后加入 3 滴盐酸及适量水稀释至 1 000 mL。用垂融漏斗过滤,置于阴凉处,密闭,避光保存。

(2)标定:准确称取 0.15 g 在 105℃ 干燥 1 h 的基准三氧化二砷,加入 10 mL 氢氧化钠溶液(40 g/L),微热使之溶解。加入 20 mL 水及 2 滴酚酞指示液,加入适量硫酸(1＋35)至红色消失,再加 2 g 碳酸氢钠、50 mL 水及 2 mL 淀粉指示液。用配制的碘标准滴定溶液滴定至溶液显浅蓝色。

(3)计算:

$$c(1/2I_2)＝\frac{m}{V\times0.049\,46}$$

式中:$c(1/2I_2)$——碘标准滴定溶液的实际浓度,mol/L;

  m——基准三氧化二砷的质量,g;

  V——碘标准滴定溶液用量,mL;

  0.049 46——与 0.100 mL 碘标准滴定溶液$[c(1/2\ I_2)＝1.000\ mol/L]$相当的三氧化二砷的质量,g。

(八)硫代硫酸钠标准滴定溶液$[c(Na_2S_2O_3\cdot5H_2O)＝0.1\ mol/L]$

(1)配制:称取 26 g 五水合硫代硫酸钠及 0.2 g 无水碳酸钠,加入适量新煮沸过的冷水使之溶解,并稀释至 1 000 mL,混匀,放置一个月后过滤备用。

(2)标定:准确称取 0.15 g 在 120℃ 干燥至恒量的基准重铬酸钾,置于 500 mL 碘量瓶中,加入 50 mL 水使之溶解。加入 2 g 碘化钾,轻轻振摇使之溶解。再加入 20 mL 硫酸(1＋8),密塞,摇匀,放置暗处 10 min 后用 250 mL 水稀释。用配制的硫代硫酸钠标准溶液滴至溶液呈浅黄绿色,再加入 3 mL 淀粉指示液,继续滴定至蓝色消失而显亮绿色。反应液及稀释用水的温度不应高于 20℃。同时做试剂空白试验。

（3）计算：

$$c(\text{Na}_2\text{S}_2\text{O}_3) = \frac{m}{(V_1 - V_2) \times 0.049\ 03}$$

式中：$c(\text{Na}_2\text{S}_2\text{O}_3)$——硫代硫酸钠标准滴定溶液的实际浓度，mol/L；

    m——基准重铬酸钾的质量，g；

    V_1——硫代硫酸钠标准滴定溶液用量，mL；

    V_2——试剂空白试验中硫代硫酸钠标准滴定溶液用量，mL；

    0.049 03——与 1.00 mL 硫代硫酸钠标准滴定溶液[$c(\text{Na}_2\text{S}_2\text{O}_3 \cdot 5\text{H}_2\text{O}) = 1.000$ mol/L]相当的重铬酸钾的质量，g。

（九）乙二胺四乙酸二钠(Na_2-EDTA)标准滴定溶液[$c(\text{C}_{10}\text{H}_{14}\text{N}_2\text{O}_8\text{Na}_2 \cdot 2\text{H}_2\text{O}) = $ 0.05 mol/L]

（1）配制：称取 20 g 乙二胺四乙酸二钠($\text{C}_{10}\text{H}_{14}\text{N}_2\text{O}_8\text{Na}_2 \cdot 2\text{H}_2\text{O}$)，加入 1 000 mL 水，加热使之溶解，冷却后摇匀。置于玻璃瓶中，避免与橡皮塞、橡皮管接触。

（2）标定：准确称取约 0.4 g 在 800℃灼烧至恒量的基准氧化锌，置于小烧杯中，加入 1 mL 盐酸，溶解后移入 100 mL 容量瓶，加水稀释至刻度，混匀。吸取 30.00～35.00 mL 此溶液，加入 70 mL 水，用氨水(4→10)中和至 pH 7～8，再加 10 mL 氨水-氯化铵缓冲液(pH 10)，用配制的乙二胺四乙酸二钠标准溶液滴定，接近终点时加入少许铬黑 T 指示剂，继续滴定至溶液自紫色转变为纯蓝色。同时做试剂空白试验。

（3）计算：

$$c(\text{Na}_2\text{-EDTA}) = \frac{m}{(V_1 - V_2) \times 0.081\ 38}$$

式中：$c(\text{Na}_2\text{-EDTA})$——乙二胺四乙酸二钠标准滴定溶液的实际浓度，mol/L；

    m——用于滴定的基准氧化锌的质量，mg；

    V_1——乙二胺四乙酸二钠标准滴定溶液用量，mL；

    V_2——试剂空白试验中乙二胺四乙酸二钠标准滴定溶液用量，mL；

    0.081 38——1.00 mL 乙二胺四乙酸二钠标准滴定溶液[$c(\text{C}_{10}\text{H}_{14}\text{N}_2\text{O}_8\text{Na}_2 \cdot 2\text{H}_2\text{O}) = 1.000$ mol/L]相当的基准氧化锌的质量，g。

四、溶液浓度的表示方法

（1）几种固体试剂的混合质量份数或液体试剂的混合体积份数可表示为(1+1)、(4+2+1)等。

（2）溶液的浓度可以质量分数或体积分数为基础给出，表示方法应是"质量（或体积）分数是 0.75"或"质量（或体积）分数是 75%"。质量分数和体积分数还能分别用 5 μg/g 或 4.2 mL/m³ 这样的形式表示。

（3）溶液浓度可以质量、容量单位表示，可表示为克每升或以其适当分倍数表示（如 g/L

或 mg/mL 等)。

(4)如果溶液由另一种特定溶液稀释配制,应按照下列惯例表示:

①"稀释 V_1-V_2"表示将体积为 V_1 的特定溶液以某种方式稀释,最终混合物的总体积为 V_2;

②"稀释 V_1+V_2"表示将体积为 V_1 的特定溶液加到体积为 V_2 的溶液中,如(1+1)、(2+5)等。

五、常用洗涤液的配制与使用方法

(1)重铬酸钾—浓硫酸溶液(100 g/L)(简称铬酸洗液):称取化学纯重铬酸钾 100 g 于烧杯中,加入 100 mL 水,微加热,使其溶解。把烧杯放于水盆中冷却后,慢慢加入化学纯硫酸,边加边用玻璃棒搅动,防止硫酸溅出,开始有沉淀析出,硫酸加到一定量沉淀可溶解,加硫酸至溶液总体为 1 000 mL。

铬酸洗液是强氧化剂,但氧化作用比较慢,直接接触器皿数分钟至数小时才有作用,取出后要用自来水充分冲洗 7~10 次,最后用纯水淋洗 3 次。

铬酸洗液配制后是黄色的,可反复使用,直到洗液变为绿色后就不能再使用了。

器皿用铬酸洗液时应特别小心,因铬酸洗液为强氧化剂,腐蚀性强,易烫伤皮肤,烧坏衣服。此外,铬有毒,使用时应注意安全,绝对不能用口吸,只能用洗耳球。

(2)肥皂洗涤液、碱洗涤液、合成洗涤剂洗涤液:配制一定浓度,主要用于油脂和有机物的洗涤。

(3)碱性酒精洗液:用体积分数为 95% 的乙醇与 30% 的 NaOH 溶液等体积混合,用于有油污的玻璃器皿的洗涤。

(4)酸性草酸或酸性羟胺洗涤液:称取 10 g 草酸或 1 g 盐酸羟胺,溶于 10 mL 盐酸(1+4)中。该洗液可洗涤氧化性物质,对玷污在器皿上的氧化剂,酸性草酸作用较慢,酸性羟胺作用快且易洗净。

(5)硝酸洗涤液:常用浓度(1+9)或(1+4),主要用于浸泡清洗测定金属离子的器皿。一般浸泡过夜,取出用自来水冲洗,再用去离子水或亚沸水冲洗。

(6)盐酸洗液(1+4):1 份盐酸与 4 份水混合,用于坩埚、比色皿、有锈迹、水垢的器皿的清洗。

洗涤后玻璃仪器应防止二次污染。

练一练

怎样配制浓度为 $c(NaOH)=0.1$ mol/L 的氢氧化钠标准滴定溶液?

1.先分析氢氧化钠标准溶液需要用什么方法配制?

A.直接法　　　　　　　　B.间接法

2.需要准备什么仪器？

序号	名称	型号规格	个数
1	电子天平		1
2	烧杯	250 mL	2
3	锥形瓶	250 mL	
4	⋮		
5			
6			
7			
8			
9			
10			

3.需要准备什么药品？

序号	药品名称	纯度	克数/g
1	氢氧化钠（NaOH）	分析纯（AR）	120
2	⋮		
3			
4			

4.操作步骤：

（1）

（2）

（3）

5.计算公式：

6.计算结果：

7.操作过程中需要注意什么？

（1）

（2）

（3）

（4）

注意：

（1）填写之前，请认真思考；

（2）填写完毕之后，请同组人帮你评判；

（3）最后给予自己一个结论。

任务 3-1-2　样品的制备与预处理

想一想

1. 样品预处理的目的和常用方法是什么？进行处理时应遵循什么原则？

2. 干法灰化和湿法消化各有何特点和优缺点？

3. 磺化、皂化法处理样品适合哪些组分的测定？

读一读

一、样品的制备

为保证分析结果的正确性，需要对待分析的样品进行制备。制备样品的目的是保证样品十分均匀，在分析时取任何部分都能代表全部样品的成分。因此，食品检验中的样品的制备是指对所采取的样品进行分取、粉碎、混匀的过程。样品制备时，可以采取不同的方法进行，如摇动、搅拌、研磨、粉碎、捣碎、匀浆等。

1.一般成分分析时样品的制备

（1）液体、浆体或悬浮液体：直接将样品搅拌、摇匀使其充分混匀。常用的搅拌工具是玻璃棒、搅拌器。

（2）互不相溶的液体：如油与水的混合物，分离后再分别采样。

（3）固体样品：通过粉碎、捣碎、研磨等方法将样品制成均匀可检状态。水分含量少、硬度较大的固体样品（如谷类）可用粉碎法；水分含量较高、质地软的样品（如果蔬）可用匀浆法；韧性较强的样品（如肉类）可用研磨法或捣碎法。常用的工具有粉碎机、组织匀浆机、研钵、组织捣碎机等。需要注意的是，样品在制备前，一定要按当地人的饮食习惯，去掉不可食的部分，如水果除去果皮、果核，鱼、肉类除去鳞、骨、毛、内脏等。固体试样的粒度应符合测定要求,粒度的大小用试样通过的标准筛的筛号或筛孔直径表示,标准筛的筛号及筛孔直径的关系见表 3-1-2。

表 3-1-2　标准筛的筛号及孔径大小

筛号/目	筛孔直径/mm	筛号/目	筛孔直径/mm
3	6.72	80	0.177
6	3.36	100	0.149
10	2.00	120	0.125
20	0.83	140	0.105
40	0.42	200	0.074
60	0.25		

(4)罐头:水果罐头在捣碎前必须清除果核;肉禽罐头应预先清除骨头;鱼罐头要将调味品(葱、辣椒及其他)分出后再捣碎、混匀。

2.测定农药残留量时样品的制备

(1)粮食类:充分混匀,用四分法取 200 g 粉碎,全部通过 40 目。

(2)果蔬类:先用水洗去泥沙,然后除去表面附着的水分;取可食部分沿纵轴剖开,各取 1/4 捣碎、混匀。

(3)肉类:除去皮和骨,将肥瘦肉混合取样。每份样品在检验农药残留量的同时,还应进行粗脂肪含量的测定,以便必要时分别计算农药在脂肪或瘦肉中的残留量。

(4)蛋类:去壳后全部混匀。

(5)禽类:去羽毛和内脏,洗净并除去表面附着的水分;纵剖后将半只去骨的禽肉绞成肉泥状,充分混匀。检验农药残留量的同时,还应进行粗脂肪的测定。

(6)鱼类:每份鱼样至少 3 条。去鳞、头、尾及内脏,洗净并除去表面附着的水分,取每条纵剖的一半,去骨刺后全部绞成肉泥,混匀即可。

▶ 二、样品的预处理

食品分析是利用食品中待测组分与化学试剂发生某些特殊的可以观察到的物理反应或化学反应变化来判断被测组分的存在与否或含量多少。但是食品的成分比较复杂,既含有复杂的高分子物质,如蛋白质、碳水化合物、脂肪、纤维素及残留的农药等;也含有普通的无机元素成分,如钙、磷、钾、钠、铁、铜等。当以选定的方法对其中某种成分进行分析时,其他组分的存在就会产生干扰而影响被测组分的正确检出。因此,在分析之前,必须采取相应措施排除干扰因素。另外,对于复杂组成的样品,不经过预处理,任何一种现代化的分析仪器也无法直接进行测定。有些被测组分含量很低,如农药残留物、黄曲霉毒素等,若不进行分离浓缩,难以正常测定。为排除干扰因素,需要对样品进行不同程度的分解、分离、浓缩、提纯处理,这些操作过程统称为样品预处理。样品预处理的目的是为了完整地保留待测的组分、消除干扰因素、使被测的组分得到浓缩或富集,从而保证样品分析工作的顺利进行,提高分析结果的准确性。因此,样品的预处理是食品分析中的一个重要环节,直接关系到分析测定的成败。

根据食品的种类、性质和不同分析方法,对样品的预处理也有不同的要求。通常对样品的预处理有以下几种方法。

(一)有机物破坏法

在测定食品中无机物含量时,常采用有机物破坏法。由于这些无机成分常与食品中的有机类物质结合,成为难溶、难分离的化合物,故欲测定这些无机成分的含量时,需要在测定前破坏这些有机结合体,释放出被测的组分。有机物破坏法主要用于食品中无机盐成分或元素的测定,通常采用高温或高温加氧化剂的方法,使样品中的有机物质破坏、分解,而无机物质被保留下来。根据操作方法不同,有机物破坏法又可分为干法灰化和湿法消化两大类。

1.干法灰化

将样品置于坩埚中,先小火炭化,然后再置高温炉中(一般为 $500\sim600℃$)灼烧灰化至灰白色或浅灰色粉末。最后所得的残渣即为无机成分。

干法灰化的优点是有机物破坏彻底,操作简便,在处理样品过程中基本不加或加入很少的试剂,故空白值较低。但此法所需要时间较长,并且在高温处理时可造成易挥发元素(如汞、砷、铅等)的损失。干法灰化适用于大多数金属元素(除汞、砷、铅外)的测定。

2.湿法消化

向样品中加入液态强氧化剂(如 H_2SO_4、HNO_3、$KMnO_4$、H_2O_2 等)并进行加热处理,使样品中的有机物质完全氧化、分解、呈气态逸出,待测成分转化为无机物状态保留在消化液中。

湿法消化的特点是有机物分解速度快,所需时间短;同时由于消化过程在溶液中进行,且加热温度比干法低,故可减少一些被测组分或元素的挥发损失。但此法在消化过程中常产生大量有害气体,因此操作过程需在通风橱内进行;同时在消化反应时,有机物质的分解常会出现大量泡沫外溢而使样品损失,所以需要操作人员随时看管;此外,湿法消化因试剂用量大,所以空白值较高。

为了使有机物分解彻底,湿法消化常用几种强酸的混合物作为氧化剂,常见有硫酸—硝酸法、硫酸—高氯酸—硝酸法、高氯酸—硫酸法、硝酸—高氯酸法。

(二)蒸馏法

蒸馏法是利用液体混合物中各组分沸点的差异进行蒸馏分离的方法。蒸馏法既可用于干扰组分的分离,又可以使待测组分净化,故具有分离、净化的双重功效,是使用广泛的样品处理方法。常见的蒸馏方式有常压蒸馏、减压蒸馏和水蒸气蒸馏。

1.常压蒸馏

当被蒸馏的物质受热后不发生分解或者其中各组分的沸点不太高时,可在常压下进行蒸馏。常压蒸馏装置如图 3-1-1 所示。加热方式可根据被蒸馏物质的沸点和特性进行选择。如果被蒸馏物质的沸点不高于 $90℃$,可用水浴;如果沸点高于 $90℃$,可用油浴,但要注意防火;如果被蒸馏物质不易爆炸或燃烧,可用电炉或酒精灯等直接加热,最好垫以石棉网。

2. 减压蒸馏

如果被蒸馏物质容易发生分解或沸点太高时,可以采用减压蒸馏的方式。如图 3-1-2 所示。减压蒸馏主要是根据蒸馏容器内的压力降低,物质沸点也降低的原理,在较低的温度下,使要蒸馏的组分挥发进行分离。

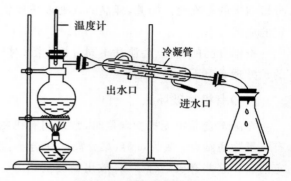

图 3-1-1　常压蒸馏装置

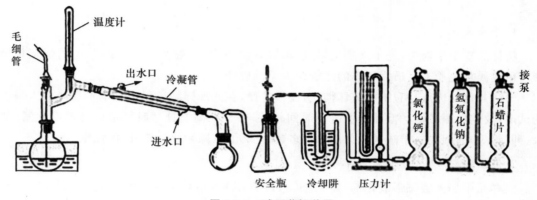

图 3-1-2　减压蒸馏装置

3. 水蒸气蒸馏

某些被测组分的沸点较高,直接加热蒸馏时,因受热不均易引起局部炭化和发生分解。因此可采用水蒸气蒸馏的方法进行分离。水蒸气蒸馏装置如图 3-1-3 所示。水蒸气蒸馏就是用水蒸气来加热样液,使具有一定挥发度的被测组分与水蒸气成比例地自样液中一起蒸馏出来。

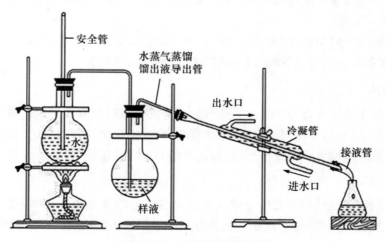

图 3-1-3　水蒸气蒸馏装置

4. 蒸馏操作的注意事项

(1)蒸馏瓶中装入液体的体积不超过蒸馏瓶的 2/3,同时加碎瓷片防止暴沸。水蒸气蒸馏时,水蒸气发生瓶也应加入碎瓷片或毛细管。

(2)温度计插入高度适当,与通入冷凝器的支管在一个水平或略低一点为宜。

(3)蒸馏有机溶剂的液体时应使用水浴,并注意安全。

(4)冷凝器的冷凝水应由低向高逆流。

(三)溶剂提取法

溶剂提取法是利用混合物中各组分在某一溶剂中的溶解度不同,将样品中各组分完全或部分地分离出来的方法。根据样品的性质和采用的方法不同,溶剂提取法又分为浸泡提取法和溶剂萃取法。

1. 浸泡提取法

浸泡提取法简称浸提法,又称液-固萃取法,指用适当的溶剂将固体样品中的某种待测成分浸提出来的方法。

(1)溶剂的选择。浸提法的分离效果往往依赖于提取剂的选择。提取剂应根据被测提取物的性质来选择,提取效果遵从"相似相溶"的原则,可根据被提取成分的极性强弱选择提取剂。对极性较强的成分(如黄曲霉毒素)可用极性大的溶剂(如甲醇和水的混合液)提取;对极性较弱的成分(如有机氯农药)可用极性小的溶剂(如正己烷、石油醚)提取。选择的溶剂沸点应适当,太低易挥发,太高不易浓缩。为提高浸提效率,在浸泡过程中可进行加热和回流。

(2)浸提方法:可分为以下 3 种。

①振荡浸提法:将样品切碎,加入适当的溶剂进行浸泡、振荡提取一定时间后,被测组分溶解在溶剂中,通过过滤即可使被测成分与杂质分离;滤渣再用溶剂洗涤提取,合并提取液后定容或浓缩、净化。一般情况下,震荡 20~30 min,重复 2~3 次。此法简便易行,但回收率低。

②组织捣碎法:是食品分析中最常用的一种提取方法,即将切碎的样品与溶剂一起放入组织捣碎机中捣碎后离心过滤,使被测成分提取出来。本法提取速度快,回收率高。采用组织捣碎法每次提取的时间为 3~5 min,1~2 次。在操作时应注意:试样和溶剂的总体积不应超过捣碎钵容积的 2/3,以免溅出;捣碎机的转速先慢后快;整个操作要在通风良好的环境下进行。

③索氏提取法:将一定量样品放入索氏提取器中,加入溶剂加热回流,经过一定时间,将被测成分提取出来。此法溶剂用量少,提取率高,但操作麻烦费时。采用索氏提取法时,要充分考虑待测组分的热稳定性。

2. 溶剂萃取法

溶剂萃取法又称液-液萃取,其原理是利用某组分在两种互不相溶的溶剂中的分配系数不同,使其从一种溶剂中转移到另一种溶剂中,从而与其他组分离的方法。本法操作简单、快速,分离效果好,使用广泛;缺点是萃取剂常有毒。

（1）萃取剂的选择。萃取剂应选择与原溶剂互不相溶,萃取后分层快的溶剂,而且萃取剂对被测组分应有最大的溶解度,对杂质溶解度最小。

（2）萃取仪器。萃取一般在分液漏斗中进行,并常需经 4～5 次萃取,以得到较高的提取率。萃取的常用方式有直接萃取和反萃取。对组成简单、干扰成分少的样品,可通过分液漏斗直接萃取来达到分离的目的。对成分较复杂的样品,特别是其中干扰成分不易除去的样品,单靠多次直接萃取很难有效时,可采取适当的反萃取方法来达到分离、排除干扰的效果。

超临界流体萃取是 20 世纪 70 年代以来发展起来的新型萃取分离技术,通常是用超临界流体 CO_2 作为提取剂,来从各种复杂的样品中,把所需要的组分提取出来的一种分离提取技术。此外还有一些辅助萃取手段,如超声波辅助萃取、微波辅助提取等。

（四）化学分离法

化学分离法就是通过化学反应处理样品,以改变其中某些组分的亲水、亲脂及挥发性质,并利用改变的性质进行分离的方法。

1. 磺化法和皂化法

磺化法和皂化法是去除油脂或含油脂样品经常使用的分离方法,常用于农药分析中样品的净化。

（1）磺化法:是用浓硫酸处理样品提取液,有效地除去脂肪、色素等干扰杂质,同时可增加脂肪族、芳香族物质的水溶性的处理方法。浓硫酸能使脂肪磺化,并与脂肪、色素中的不饱和键起加成作用,形成可溶于硫酸和水的强极性化合物,不再被弱极性的有机溶剂所溶解,从而达到分离、纯化的目的。此处理方法简单、快速、效果好,但只适用于对酸稳定的含农药样品的处理。

（2）皂化法:是用碱处理样品液,以除去脂肪等干扰杂质,达到净化目的的方法。此法只适用于对碱稳定的含农药样品的处理。

2. 沉淀分离法

沉淀分离法是指向样液中加入适当的沉淀剂,使被测组分沉淀下来或使干扰组分沉淀,再对沉淀进行过滤、洗涤而得到分离的方法。如测定还原糖含量时,常用醋酸铅来沉淀蛋白质,用以消除其对糖测定的干扰。

3. 掩蔽法

在样品的分析过程中,往往会遇到某些物质对判定反应表现出可察觉的干扰影响。而加入某种化学试剂与干扰成分作用,消除干扰因素,这个过程称为掩蔽,加入的化学试剂称为掩蔽剂。这种方法不经过分离过程即可消除干扰成分的干扰作用。由于步骤简单,所以掩蔽法在食品分析中应用较多。如二硫腙比色法测定铅时,通过加入氰化钾、柠檬酸铵等掩蔽剂来消除 Cu^{2+}、Fe^{3+} 的干扰。

（五）色层分离法

色层分离法又称色谱分离法,是一种利用载体将样品中的组分进行分离的一系列方法。色层分离法是一种物理化学方法,它不仅分离效率高,应用广泛,而且分离的过程就是鉴定的过程。色层分离法的分离过程是由一种流动相带着被分离的物质流经固定相,由于各组分的物理化学性质存在差异,导致各组分受到两相的作用力不同,从而以不同的速度移动,最终达到分离的目的。根据分离机理不同,色层分离法可分为吸附色谱分离、分配色谱分离、离子交换色谱分离等。

1. 吸附色谱分离

吸附色谱分离就是利用经活化处理后的吸附剂(如聚酰胺、硅胶、硅藻土、氧化铝等)所具有的吸附能力,对样品中被测成分或干扰组分选择性的吸附,对样品进行分离的过程。例如,聚酰胺对色素有选择性吸附作用,在测定食品中色素含量时,可利用聚酰胺吸附样液中的色素物质,然后经过滤洗涤,再用适当的溶剂解吸,最终得到较纯的色素溶液供测定用。

2. 分配色谱分离

分配色谱分离就是根据不同物质在两相中的分配比不同而进行的分离方法。两相中一相是流动的,称为流动相;另一相是固定的,称为固定相。被分离的组分在流动相沿着固定相移动的过程中,由于不同物质在两相中具有不同的分配比,故当溶剂渗透在固定相中并向上渗透扩展时,这些物质在两相中的分配作用反复进行从而达到分离效果。

3. 离子交换色谱分离

离子交换色谱分离就是利用离子交换树脂与溶液中的离子之间所发生的离子交换反应来进行分离的方法。离子交换色谱分离又可分为阳离子交换和阴离子交换两种,其过程可用下列反应式表示:

$$阳离子交换:R—H + M^+X^- \longrightarrow R—M + HX$$
$$阴离子交换:R—OH + M^+X^- \longrightarrow R—X + MOH$$

式中:R——离子交换树脂的母体;

　　　MX——溶液中被交换的物质。

将被测离子溶液与离子交换树脂一起混合振荡,或使样液缓缓通过用离子交换树脂填充的离子交换柱时,被测离子即与离子交换树脂上的 H^+ 或 OH^- 发生交换,被测离子或干扰离子被留在离子交换树脂上,被交换出的 H^+ 或 OH^- 以及不发生交换反应的其他物质留在溶液内,从而达到分离的目的。在食品分析中,可应用该法进行水处理,如制备无氨水、无铅水等。离子交换分离法还可用于复杂样品中组分的分离。

(六)浓缩法

样品提取净化后,净化液的体积较大,为了提高被测组分的浓度,经常用蒸发、蒸馏等方法将提取液进行浓缩。常用的浓缩方法有常压浓缩法和减压浓缩法两种。

1. 常压浓缩法

常压浓缩法用于待测组分为非挥发性的样品净化液的浓缩,通常采用蒸发皿直接挥发蒸发,如果要回收溶剂则可采用普通蒸馏装置或旋转蒸发器。此法简便、快速。

2. 减压浓缩法

减压浓缩法用于待测组分为不稳定性或易挥发的样品净化液的浓缩,通常用 K-D 浓缩器。浓缩时,水浴加热并抽气减压。此法浓缩温度低、速度快、被测组分损失少,特别适用于农药残留样品的净化液的浓缩。

项目 3-2　食品中水分的测定

想一想

1. 水分测定的意义是什么?
2. 食品中水分的存在形式是什么?
3. 常见的水分测定方法有哪些?

读一读

▶ 一、概述

水是食品的重要组成成分之一。不同种类的食品,水分含量差别很大。如蔬菜、水果含水分 80%～97%,乳类为 87%～89%,鱼类为 67%～81%,蛋类为 73%～75%,肉类为 43%～76%;即使是干态食品,也含有少量水分,如面粉为 12%～14%,饼干为 25%～45%。

控制食品的水分含量,对于保持食品具有良好的感官形状,维持食品中各组分的平衡关系,保证食品具有一定的保存期,都起着重要作用。此外,测定生产原料中的水分含量,对于它们的品质和保存、进行成本核算、提高经济效益等均有重大意义。

食品中水分的存在形式大致可以分为两类:游离水和结合水。游离水是指组织、细胞中容易结冰,也能溶解溶质的这一部分水,如润湿水分、渗透水分、毛细管水分等。此类水分和组织结合松散,所以很容易用干燥法从食品中分离出去。结合水是以氢键和食品有机成分相结合的水分,这类水分不易结冰、不能作为溶质的溶剂,如结晶水、吸附水等。此类水分较难从食品中分离出去,如果将其强行除去,则会使食品变质,影响分析结果。

▶ 二、食品中水分的测定方法

食品中水分测定的方法很多,通常分为两大类:直接测定法和间接测定法。

直接测定法是利用水分本身的物理、化学性质来测定水分的方法,如干燥法、蒸馏法和卡尔·费休法;间接测定法是利用食品的相对密度、折射率、介电常数等物理性质测定水分的方法。比较而言,直接测定法的准确度高于间接测定法,本项目主要介绍常用的几种直接测定法。参照《食品安全国家标准 食品中水分的测定》(GB 5009.3—2016),水分的测定方法有直接干燥法、减压干燥法、蒸馏法和卡尔·费休法。其中直接干燥法(又称常压干燥法)、减压干燥法(又称真空干燥法)和红外干燥法都属于加热干燥法,只是加热方式和设备不同。加热干燥法是适合于大多数食品测定的常用方法。

(一)直接干燥法(常压干燥法)

1. 原理

利用食品中水分的物理性质,在 101.3 kPa(一个大气压),温度 101~105℃下采用挥发方法测定样品中干燥减失的重量,包括吸湿水、部分结晶水和该条件下能挥发的物质,再通过干燥前后的称量数值计算出水分的含量。

2. 适用范围

适用于在 101~105℃下,不含或含其他挥发性物质甚微的蔬菜、谷物及其制品、水产品、豆制品、乳制品、肉制品及卤菜制品等食品中水分的测定,不适用于水分含量小于 0.5 g/100 g 的样品。

3. 试剂和材料

除非另有规定,本方法中所用试剂均为分析纯,水为 GB/T 6682—2008 规定的三级水。
(1)盐酸(HCl)。
(2)氢氧化钠(NaOH)。
(3)海砂。
(4)盐酸溶液(6 mol/L):量取 50 mL 盐酸,加水稀释至 100 mL。
(5)氢氧化钠溶液(6 mol/L):称取 24 g 氢氧化钠,加水溶解并稀释至 100 mL。
(6)海砂:取用水洗去泥土的海沙或河沙,先用盐酸(6 mol/L)煮沸 0.5 h,用水洗至中性,再用氢氧化钠溶液(6 mol/L)煮沸 0.5 h,用水洗至中性,经 105℃干燥备用。

4. 仪器和设备

扁形铝制或玻璃制称量瓶、电热恒温干燥箱、干燥器(内附有效干燥剂)、天平(感量为0.1 mg)。

5. 分析步骤

(1)固体试样:取洁净铝制或玻璃制的扁形称量瓶,置于101~105℃干燥箱中,瓶盖斜支于瓶边,加热 1.0 h,取出盖好,置干燥器内冷却 0.5 h,称量,并重复干燥至前后两次质量差不超过 2 mg,即为恒重。将混合均匀的试样迅速磨细至颗粒小于 2 mm,不易研磨的样品应尽可能切碎,称取 2 ~10 g 试样(精确至 0.000 1 g),放入此称量瓶中,试样厚度不超过 5 mm,如为疏松试样,厚度不超过 10 mm,加盖,精密称量后,置于101~105℃干燥箱中,瓶盖斜支于瓶边,干燥2~4 h后,盖好取出,放入干燥器内冷却 0.5 h 后称量。然后再放入

101～105℃干燥箱中干燥 1 h 左右,取出,放入干燥器内冷却 0.5 h 后再称量。并重复以上操作至前后两次质量差不超过 2 mg,即为恒重。

注:两次恒重值在最后计算中,取质量较小的称量值。

（2）半固体或液体试样:取洁净的称量瓶,内加 10 g 海沙(实验过程中可根据需要适当增加海沙的质量)及一根小玻璃棒,置于 101～105℃干燥箱中,干燥 1.0 h 后取出,放入干燥器内冷却 0.5 h 后称量,并重复干燥至恒重。然后称取 5 ～10 g 试样(精确至 0.000 1 g),置于称量瓶中,用小玻棒搅匀放在沸水浴上蒸干,并随时搅拌,擦去瓶底的水滴,置 101～105℃干燥箱中干燥 4 h 后盖好取出,放入干燥器内冷却 0.5 h 后称量。然后再放入 101～105℃干燥箱中干燥 1 h 左右,取出,放入干燥器内冷却 0.5 h 后再称量。并重复以上操作至前后两次质量差不超过 2 mg,即为恒重。

6. 计算

试样中的水分的含量按下式进行计算:

$$X = \frac{m_1 - m_2}{m_1 - m_3} \times 100$$

式中:X ——试样中水分的含量,g/100 g;

m_1——称量瓶(加海沙、玻璃棒)和试样的质量,g;

m_2——称量瓶(加海沙、玻璃棒)和试样干燥后的质量,g;

m_3——称量瓶(加海沙、玻璃棒)的质量,g;

100 ——单位换算系数。

水分含量≥1 g/100 g 时,计算结果保留 3 位有效数字;水分含量<1 g/100 g 时,结果保留两位有效数字。

在重复性条件下获得的两次独立测定结果的绝对差值不得超过算术平均值的 10%。

7. 操作条件选择

操作条件选择主要包括:称样量、称样器皿规格、干燥设备和干燥条件等的选择。

（1）称样量:测定时称样量一般控制在其干燥后的残留物质量在 1.5～3 g。对于水分含量较低的固态、浓稠态食品,将称样量控制在 3～5 g 为宜;而对于水分含量较高的液态食品(如果汁、牛乳等),通常每份样品的称样量控制在 15～20 g 为宜。

（2）称量器皿规格:称量器皿分为玻璃称量瓶和铝制称量盒两种。玻璃称量瓶能耐酸碱,不受样品性质的限制,常用于直接干燥法。铝制称量盒质量轻,导热性强,但对酸性食品不适宜,常用于减压干燥法。称量器皿规格的选择,以样品置于其中铺平后其厚度不超过皿高的 1/3 为宜。

（3）干燥设备:电热烘箱有各种形式,一般使用强力循环通风式,其风力大,烘干大量试样时效率高,但质轻的试样有时会飞散,若仅作测定水分含量用,最好采用风量可调节的烘箱。当风量减小时,烘箱上隔板 1/3～1/2 面积的温度保持在规定温度的±1℃的范围内,符合测定的要求。温度计通常处于离上隔板 3 cm 的中心处,为保证测定时温度的均衡,并减少取出过程中因吸潮而产生的误差,一批测定的称量瓶最好在 8～10 个,并排列在隔板的较中心部位。

(4)干燥条件:干燥条件包括温度和时间两方面。

①温度:温度一般控制在 101～105℃,对热稳定的谷类等,可提高到 120～130℃内进行干燥;对还原糖含量较高的食品应先用低温（50～60℃）干燥 0.5 h,然后再用 101～105℃干燥。

②时间:干燥时间的确定有两种方法,一种是干燥到恒重,另一种是规定干燥时间。前者基本能保证水分完全蒸发,故一般采用干燥到恒重的方法。只有那些对水分测定结果准确度要求不高的样品,如各种饲料中水分含量的测定,可采用第二种方法。

(二)减压干燥法（真空干燥法）

1. 原理

利用食品中水分的物理性质,在达到 40～53 kPa 压力后加热至（60±5）℃,采用减压烘干方法去除试样中的水分,再通过烘干前后的称量数值计算出水分的含量。

2. 适用范围

适用于糖、味精等易分解的食品中水分的测定,不适用于添加了其他原料的糖果,如奶糖、软糖等试样的测定,同时该法不适用于水分含量小于 0.5 g/100 g 的样品。

3. 仪器和设备

扁形铝制或玻璃制称量瓶、真空干燥箱、干燥器(内附有效干燥剂)、天平(感量为 0.1 mg)。

4. 操作方法

(1)试样的制备:粉末和结晶试样直接称取;较大块硬糖经研钵粉碎,混匀备用。

(2)测定:取已恒重的称量瓶称取约 2 ～10 g(精确至 0.000 1 g)试样,放入真空干燥箱内,将真空干燥箱连接真空泵,抽出真空干燥箱内空气(所需压力一般为 40～53 kPa),并同时加热至所需温度(60±5)℃。关闭真空泵上的活塞,停止抽气,使真空干燥箱内保持一定的温度和压力,经 4 h 后,打开活塞,使空气经干燥装置缓缓通入至真空干燥箱内,待压力恢复正常后再打开。取出称量瓶,放入干燥器中 0.5 h 后称量,并重复以上操作至前后两次质量差不超过 2 mg,即为恒重。

5. 结果计算

同直接干燥法。

(三) 蒸馏法

1. 原理

利用食品中水分的物理化学性质,使用水分测定器将食品中的水分与甲苯或二甲苯共同蒸出,根据接收的水的体积计算出试样中水分的含量。本方法适用于含较多其他挥发性物质的食品,如香辛料等。

2. 适用范围及特点

适用于含较多挥发性物质的食品(如油脂、香辛料等)水分的测定,不适用于水分含量小于 1 g/100 g 的样品。特别是对于香料,蒸馏法是唯一公认的水分测定方法。

3. 试剂和材料

除非另有说明,本方法所用试剂均为分析纯,水为 GB/T 6682—2008 规定的三级水。

甲苯或二甲苯(化学纯):取甲苯或二甲苯,先以水饱和后,分去水层,进行蒸馏,收集馏出液备用。

4. 仪器和设备

(1)水分测定器:如图 3-2-1 所示(带可调电热套)。水分接收管容量 5 mL,最小刻度值 0.1 mL,容量误差小于 0.1 mL。

(2)天平(感量为 0.1 mg)。

5. 操作方法

准确称取适量试样(应使最终蒸出的水在 2~5 mL,但最多取样量不得超过蒸馏瓶的 2/3),放入 250 mL 蒸馏瓶中,加入新蒸馏的甲苯(或二甲苯)75 mL,连接冷凝管与水分接收管,从冷凝管顶端注入甲苯,装满水分接收管。同时做甲苯(或二甲苯)的试剂空白。

加热慢慢蒸馏,使每秒钟的馏出液为 2 滴,待大部分水分蒸出后,加速蒸馏约每秒钟 4 滴,当水分全部蒸出后,接收管内的水分体积不再增加时,从冷凝管顶端加

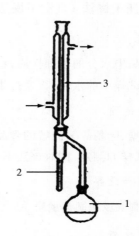

图 3-2-1 水分测定器
1. 250 mL 蒸馏瓶 2. 水分接收管,有刻度 3. 冷凝管

入甲苯冲洗。如冷凝管壁附有水滴,可用附有小橡皮头的铜丝擦下,再蒸馏片刻至接收管上部及冷凝管壁无水滴附着,接收管水平面保持 10 min 不变为蒸馏终点,读取接收管水层的容积。

6. 结果计算

$$X = \frac{V - V_0}{m} \times 100$$

式中:X——试样中水分的含量,mL/100 g;

  V——接收管内水的体积,mL;

  V_0——做试剂空白时,接收管内水的体积,mL;

  m——样品的质量,g;

  100——单位换算系数。

以重复性条件下获得的两次独立测定结果的算术平均值表示,结果保留 3 位有效数字。在重复性条件下获得的两次独立测定结果的绝对差值不得超过算术平均值的 10%。

7. 说明及注意事项

(1)有机溶剂一般用甲苯,其沸点为 110.7℃。对于在高温易分解的样品则用苯作蒸馏溶剂(纯苯沸点 80.2℃,水苯共沸点则为 69.25℃),但蒸馏的时间需延长。

（2）加热温度不宜太高,温度太高时冷凝管上端水汽难以全部回收。蒸馏时间一般为2～3 h。

（3）整套装置必须保持清洁,无油污,不漏气。

练一练

如何测定乳粉中水分的含量?

1.通过查阅哪几个食品安全国家标准来制订检验方案?

2.需要准备什么仪器?

序号	名称	型号规格	个数
1	电子天平	感量为	1
2	电热恒温干燥箱		
3	玻璃称量皿		
4	⋮		
5			
6			
7			
8			
9			
10			

3.需要准备什么药品?

序号	药品名称	纯度	克数/g
1	氢氧化钠(NaOH)	分析纯(AR)	120
2	盐酸	分析纯(AR)	
3	⋮		
4			

4.操作步骤:

（1）

（2）

（3）

5.数据记录及处理：

检测数据	名称	数据
1	称量瓶干燥时间/h	
2	第一次称量瓶(加海沙、玻璃棒)的质量 m_3/g	
3	称量瓶干燥时间/h	
4	第二次称量瓶(加海沙、玻璃棒)的质量 m_3/g	
5	称量瓶(加海沙、玻璃棒)和试样的质量 m_1/g	
6	试样干燥时间/h	
7	干燥后第一次称量瓶(加海沙、玻璃棒)和试样的质量 m_2/g	
8	试样干燥时间/h	
9	干燥后第二次称量瓶(加海沙、玻璃棒)和试样的质量 m_2/g	
10	计算公式	

6.计算结果及结论：

7.操作过程中需要注意什么？

(1)

(2)

(3)

(4)

提示：如干燥时间，称量瓶的规格，将称量瓶放进电热恒温干燥箱时该注意的操作……

项目 3-3　食品中灰分的测定

想一想

1. 灰分测定的意义是什么？

2. 食品中的灰分包括哪些？

3. 灰分测定的原理及操作要点有哪些？

读一读

▶ 一、概述

食品的组成非常复杂，除了含有大量有机物外，还含有较丰富的无机成分。食品经高温灼烧，有机成分挥发逸散，而无机成分则残留下来，这些残留物称灰分。灰分是标志食品中无机成分总量的一项指标。

食品的灰分与食品中原来存在的无机成分在数量和组成上并不完全相同，因为食品在灰化时，某些易挥发元素，如氯、碘、铅等，会挥发散失，使这些无机成分减少。另一方面，某些金属氧化物会吸收有机物分解产生的二氧化碳而形成碳酸盐，又使无机成分增多，因此灰分并不能准确地表示食品中原来的无机成分的总量。通常把食品经高温灼烧后的残留物称为粗灰分（或总灰分）。

食品的灰分包括水溶性灰分、水不溶性灰分和酸不溶性灰分。水溶性灰分是一些可溶性碱金属或碱土金属的氧化物及盐类；水不溶性灰分多是些粉尘、泥沙和铁、铝等氧化物及碱土金属的碱式磷酸盐等；而酸不溶性灰分则是水不溶性灰分中一些含硅的物质。对于一般食品分析，测定总灰分即可满足常规要求。

食品中的灰分含量能反映原料、加工及贮藏方面问题。当原料和加工条件一定时，其食品的灰分含量应在一定范围内。若超出了正常的范围，说明食品生产中使用了不符合标准的原料或食品添加剂，或食品在加工、贮运过程中受到了污染。因此，测定灰分可以判断食品受污染的程度。此外,灰分还可以评价食品的加工精度和食品的品质。总之,灰分是某些食品的重要质量指标,也是食品常规检验的项目之一。

二、食品中灰分的测定方法

食品中灰分的测定参照《食品安全国家标准 食品中灰分的测定》(GB 5009.4—2016)中的方法测定。标准第一法规定了食品中总灰分的测定方法,第二法规定了食品中水溶性灰分和水不溶性灰分的测定方法,第三法规定了食品中酸不溶性灰分的测定方法。本项目仅介绍第一法食品中总灰分的测定。

三、食品中总灰分的测定

(一)原理

食品经灼烧后所残留的无机物质称为灰分。灰分数值系用灼烧、称重后计算得出。

(二)适用范围

本方法适用于除淀粉及其衍生物之外的食品中灰分含量的测定。

(三)试剂和材料

除非另有说明,本方法所用试剂均为分析纯,水为 GB/T 6682—2008 规定的三级水。

(1)乙酸镁[$(CH_3COO)_2Mg \cdot 4H_2O$]。

(2)浓盐酸(HCl)。

(3)乙酸镁溶液(80 g/L):称取 8.0 g 乙酸镁加水溶解并定容至 100 mL,混匀。

(4)乙酸镁溶液(240 g/L):称取 24.0 g 乙酸镁加水溶解并定容至 100 mL,混匀。

(5)10%盐酸溶液:量取 24 mL 分析纯浓盐酸用蒸馏水稀释至 100 mL。

(四)仪器和设备

(1)高温炉:最高使用温度≥950℃。

(2)分析天平:感量分别为 0.1 mg、1 mg、0.1 g。

(3)石英坩埚或瓷坩埚。

(4)干燥器(内有干燥剂)。

(5)电热板。

(6)恒温水浴锅:控温精度±2℃。

(五)分析步骤

1.坩埚预处理

(1)含磷量较高的食品和其他食品:取大小适宜的石英坩埚或瓷坩埚置高温炉中,在550℃±25℃下灼烧 30 min,冷却至 200℃左右,取出,放入干燥器中冷却 30 min,准确称量。重复灼烧至前后两次称量相差不超过 0.5 mg 为恒重。

（2）淀粉类食品：先用沸腾的稀盐酸洗涤，再用大量自来水洗涤，最后用蒸馏水冲洗。将洗净的坩埚置于高温炉内，在 900℃±25℃ 下灼烧 30 min，并在干燥器内冷却至室温，称重，精确至 0.000 1 g。

2. 称样

（1）含磷量较高的食品和其他食品：灰分大于或等于 10 g/100 g 的试样称 2～3 g（精确至 0.000 1 g）；灰分小于或等于 10 g/100 g 的试样称取 3～10 g（精确至 0.000 1 g，对于灰分含量更低的样品可适当增加称样量）。

（2）淀粉类食品：迅速称取样品 2～10 g（马铃薯淀粉、小麦淀粉以及大米淀粉至少称 5 g，玉米淀粉和木薯淀粉称 10 g），精确至 0.000 1 g。将样品均匀分布在坩埚内，不要压紧。

3. 测 定

（1）含磷量较高的豆类及其制品、肉禽及其制品、蛋及其制品、水产及其制品、乳及乳制品。

①称取试样后，加入 1.00 mL 乙酸镁溶液（240 g/L）或 3.00 mL 乙酸镁（80 g/L），使试样完全润湿。放置 10 min 后，在水浴上将水分蒸干，在电热板上以小火加热使试样充分炭化至无烟，然后置于高温炉中，在 550℃±25℃ 灼烧 4 h。冷却至 200℃ 左右，取出，放入干燥器中冷却 30 min，称量前如发现灼烧残渣有炭粒时，应向试样中滴入少许水湿润，使结块松散，蒸干水分再次灼烧至无炭粒即表示灰化完全，方可称量。重复灼烧至前后两次称量相差不超过 0.5 mg 为恒重。

②吸取 3 份与①相同浓度和体积的乙酸镁溶液，做 3 次试剂空白试验。当 3 次试验结果的标准偏差小于 0.003 g 时，取算术平均值作为空白值。若标准偏差大于或等于 0.003 g 时，应重新做空白值试验。

（2）淀粉类食品。将坩埚置于高温炉口或电热板上，半盖坩埚盖，小心加热使样品在通气情况下完全炭化至无烟，即刻将坩埚放入高温炉内，将温度升高至 900℃±25℃，保持此温度直至剩余的碳全部消失为止，一般 1 h 可灰化完毕。冷却至 200℃ 左右，取出，放入干燥器中冷却 30 min。称量前如发现灼烧残渣有炭粒时，应向试样中滴入少许水湿润，使结块松散，蒸干水分再次灼烧至无炭粒即表示灰化完全，方可称量。重复灼烧至前后两次称量相差不超过 0.5 mg 为恒重。

（3）其他食品。液体和半固体试样应先在沸水浴上蒸干。固体或蒸干后的试样，先在电热板上以小火加热使试样充分炭化至无烟，然后置于高温炉中，在 550℃±25℃ 灼烧 4 h。冷却至 200℃ 左右，取出，放入干燥器中冷却 30 min，称量前如发现灼烧残渣有炭粒时，应向试样中滴入少许水湿润，使结块松散，蒸干水分再次灼烧至无炭粒即表示灰化完全，方可称量。重复灼烧至前后两次称量相差不超过 0.5 mg 为恒重。

（六）计算

1. 以试样质量计

（1）试样中灰分的含量，未加乙酸镁溶液的试样，按式（1）计算：

$$X_1 = \frac{m_1 - m_2}{m_3 - m_2} \times 100 \quad\quad (1)$$

式中：X_1——未加乙酸镁溶液试样中灰分的含量，g/100 g；

$\quad\quad$ m_1——坩埚和灰分的质量，g；

$\quad\quad$ m_2——坩埚的质量，g；

$\quad\quad$ m_3——坩埚和试样的质量，g；

$\quad\quad$ 100——单位换算系数。

$\quad\quad$（2）试样中灰分的含量，加了乙酸镁溶液的试样，按式(2)计算：

$$X_2 = \frac{m_1 - m_2 - m_0}{m_3 - m_2} \times 100 \quad\quad (2)$$

式中：X_2——加了乙酸镁溶液试样中灰分的含量，g/100 g；

$\quad\quad$ m_1——坩埚和灰分的质量，g；

$\quad\quad$ m_2——坩埚的质量，g；

$\quad\quad$ m_0——氧化镁（乙酸镁灼烧后生成物）的质量，g；

$\quad\quad$ m_3——坩埚和试样的质量，g；

$\quad\quad$ 100——单位换算系数。

$\quad\quad$ 2. 以干物质计

$\quad\quad$（1）未加乙酸镁溶液的试样中灰分的含量，按式(3)计算：

$$X_1 = \frac{m_1 - m_2}{(m_3 - m_2) \times \omega} \times 100 \quad\quad (3)$$

式中：X_1——未加乙酸镁溶液的试样中灰分的含量，g/100 g；

$\quad\quad$ m_1——坩埚和灰分的质量，g；

$\quad\quad$ m_2——坩埚的质量，g；

$\quad\quad$ m_3——坩埚和试样的质量，g；

$\quad\quad$ ω——试样干物质含量（质量分数），%；

$\quad\quad$ 100——单位换算系数。

$\quad\quad$（2）加了乙酸镁溶液的试样中灰分的含量，按式(4)计算：

$$X_2 = \frac{m_1 - m_2 - m_0}{(m_3 - m_2) \times \omega} \times 100 \quad\quad (4)$$

式中：X_2——加了乙酸镁溶液试样中灰分的含量，g/100 g；

$\quad\quad$ m_1——坩埚和灰分的质量，g；

$\quad\quad$ m_2——坩埚的质量，g；

$\quad\quad$ m_0——氧化镁（乙酸镁灼烧后生成物）的质量，g；

$\quad\quad$ m_3——坩埚和试样的质量，g；

$\quad\quad$ ω——试样干物质含量（质量分数），%；

$\quad\quad$ 100——单位换算系数。

试样中灰分含量≥10 g/100 g 时,保留 3 位有效数字;试样中灰分含量＜10 g/100 g 时,保留两位有效数字。

在重复性条件下获得的两次独立测定结果的绝对差值不得超过算术平均值的 5%。

练一练

如何测定面粉中总灰分的含量?

1. 通过查阅哪几个食品安全国家标准来制订检验方案?

2. 需要准备什么仪器?

序号	名称	型号规格	个数
1	分析天平		
2	高温炉		
3	坩埚		
4	⋮		
5			
6			
7			
8			
9			
10			

3. 需要准备什么药品?

序号	药品名称	纯度	克数/g
1	乙酸镁	分析纯(AR)	
2	⋮		
3			
4			

4. 操作步骤:

(1)

(2)

(3)

5.数据记录及处理：

检测数据	名称	数值
1	坩埚灰化时间/h	
2	第一次称量坩埚质量 m_2/g	
3	坩埚灰化时间/h	
4	第二次称量坩埚质量 m_2/g	
5	坩埚和试样的质量 m_3/g	
6	试样灰化时间/h	
7	灰化后第一次称量坩埚和试样的质量 m_1/g	
8	试样干燥时间/h	
9	灰化后第二次称量坩埚和试样的质量 m_1/g	
10	计算公式	

6.计算结果及结论：

7.操作过程中需要注意什么？

（1）

（2）

（3）

（4）

提示：如碳化、灰化的热源强度,将坩埚从高温炉取出时应注意的操作……

食品感官与理化检验技术

项目 3-4　食品 pH 和电导率的测定

任务 3-4-1　食品 pH 的测定

想一想

1. 什么叫食品的有效酸度？
2. 测定食品的电导率有什么意义？

读一读

在食品酸度测定中，有效酸度 pH 的测定往往比测定总酸度更具有实际意义，更能说明问题。pH 是溶液中 H^+ 活度（近似认为浓度）的负对数，其大小说明了食品介质的酸碱性。

常用测定溶液 pH 的方法有试纸法、比色法和电位法等，其中电位法（pH 计法）的操作简便且结果准确，是最常用的方法。

本项目参照《食品安全国家标准　食品 pH 的测定》（GB 5009.237—2016）、《食品安全国家标准　食品酸度的测定》（GB 5009.239—2016）和《食品中总酸的测定》（GB/T 12456—2008）中的测定方法，针对不同试样进行编写。

GB 5009.237—2016 适用于肉及肉制品中均质化产品的 pH 测试，屠宰后的畜体、胴体和瘦肉的 pH 非破坏性测试，水产品中牡蛎（蚝、海蛎子）pH 的测定，以及罐头食品 pH 的测定。

（一）电位法测定 pH 的原理

以玻璃电极为指示电极，饱和甘汞电极为参比电极，插入待测溶液中组成原电池，该电池电动势大小与溶液 pH 呈线性关系：

$$E = E^\circ - 0.059\,1 \cdot pH \qquad (25℃)$$

即在 25℃时,每相差一个 pH 单位,就产生 59.1 mV 的电池电动势。通过酸度计测定电动势并直接以 pH 表示,即可以从酸度计表头上读出样品溶液的 pH。

(二) 测定 pH 的仪器——酸度计

酸度计亦称 pH 计,它是由电计和电极两部分组成。电极与被测溶液组成一个电池,电池的电动势用电计测量。

酸度计可分为两种类型。一种是电位计式酸度计,它测得的结果为电池的电动势;另一种是直读式酸度计,它测得的结果 pH。直读式酸度计因不需计算可直接读取 pH 而得到越来越广泛的应用。目前,酸度计的结构越来越简单,并趋向数字显示式。常见的酸度计有 pHS—3B 型、pHS—3C 型、pHS—3F 型、pHS—2 型等。

(三) 食品 pH 的测定

1. 试剂与仪器

(1)试剂。

①pH＝1.675(20℃)标准缓冲溶液:将 2.61 g $KHC_2O_4 \cdot H_2C_2O_4 \cdot 2H_2O$ 转移到 1 L 的容量瓶中,用无 CO_2 蒸馏水溶解并稀释到刻度,充分混合。每两个月重新配制。

②pH＝3.999(20℃)标准缓冲溶液:称取 10.12 g 于 110～130℃干燥 2 h 并已冷却的邻苯二甲酸氢钾,用无 CO_2 蒸馏水溶解并稀释到 1 L。

③pH＝6.878(20℃)标准缓冲溶液:称取于 110～130℃下干燥 2 h 并已冷却的 KH_2PO_4 3.387 g 和 Na_2HPO_4 3.533 g,用无 CO_2 蒸馏水溶解并稀释到 1 L。

④pH＝9.227(20℃)标准缓冲溶液:称取 3.80 g 硼砂[$Na_2B_4O_7 \cdot 10H_2O$],用无 CO_2 蒸馏水溶解并稀释到 1 L。

(2)仪器。酸度计。

2. 操作步骤

(1)样品处理。

①果蔬类样品:将样品榨汁后,取其汁液直接测定。

②肉类样品:称取 10.00 g 已除油脂并绞碎的样品,加 100 mL 无 CO_2 蒸馏水,浸泡 15 min(随时摇动),过滤,取滤液进行测定。

③一般液体样品(如牛乳,果汁等):直接取样测定。

④含 CO_2 的液体样品(如碳酸饮料、啤酒等):同"总酸度测定"方法排除 CO_2 后测定。

(2)样品测定。酸度计预热并用标准缓冲溶液校正后,将电极插入待测溶液中进行测定。

(四) 说明

(1)使用前应检查电极内饱和 KCl 溶液的液面是否正常,若 KCl 溶液不能浸没电极内部的小玻璃管口上沿,则应补加 KCl 饱和溶液,以使 KCl 溶液有一定的渗透量,确保液接电位的稳定。

(2)测定时将电极上的小孔打开。

(3)新电极或很久未使用的干燥电极,必须预先浸在蒸馏水或 0.1 mol/L 盐酸溶液中 24 h 以上,其目的是使玻璃电极球膜表面形成有良好离子交换能力的水化层。玻璃电极不用时,宜浸在蒸馏水中。

任务 3-4-2　食品中电导率的测定

电导率的测定在食品检验技术中有着重要的作用,电导率仪是食品厂、饮用水厂办理 QS 认证和 HACCP 认证的必备检验设备。

(一)电导率测定的原理

溶解于水的酸、碱、盐电解质,在溶液中解离成正、负离子,使电解质具有导电能力,其导电能力的大小用电导率表示。

在电解质的溶液中,带电的离子在电场的影响下产生移动而传递电子。因此,电解质溶液具有导电作用,其导电能力的强弱称为电导度 S。因为电导是电阻的倒数,因此,测量电导大小的方法,可用两个电极插入溶液中,以测出两个极间的电阻 R。据欧姆定律,温度一定时,这个电阻与电极的间距 $L(cm)$ 成正比,与电极的截面积 $A(cm)$ 成反比。

(二)测定电导率的仪器——电导率仪

电导率仪按便携性可分为便携式电导率仪、台式电导率仪和笔式电导率仪,也可按用途分为实验室用电导率仪、工业在线电导率仪等,还可以按先进程度分为经济型电导率仪、智能型电导率仪、精密型电导率仪或分为指针式电导率仪、数显式电导率仪。

常见的电导率仪有笔形 BCNSCAN10/20/30,便携式 BEC-520、BEC-530、BEC-531、BEC-540,实验室台式 BEC-950、BEC-110、BEC-120、BEC-307,以及在线式 BEC-200A、BEC-200B、BEC-200D、BEC-200E、BEC-200F、BEC-210 等。

(三)电导率测定操作步骤

1. 样品处理

(1)果蔬类样品:将样品榨汁后,取其汁液直接测定。

(2)肉类样品:称取 10.00 g 已除油脂并绞碎的样品,加 100 mL 无 CO_2 蒸馏水,浸泡 15 min(随时摇动),过滤,取滤液进行测定。

(3)一般液体样品 (如牛乳,果汁等):直接取样测定。

2. 测定

(1)电导率的校正、操作、读数应按其使用说明书的要求进行。

(2)根据样品的电导率大小选用不同电导池常数电极。将选好的电极用二级水洗净,再冲洗 2～3 次,浸泡备用。

(3)取 50～100 mL 水样,放入烧杯中,将电极和温度计用被测样液冲洗 2～3 次后,浸泡在样液中进行测定。重复取样测定 2～3 次,记录所测的电导率值。

(四)电导率仪使用时注意事项

(1)在测量纯水或超纯水时,为了避免测量值的漂移现象,建议采用密封槽进行密封状态下的流动测量,如果采用烧杯取样测量会产生较大的误差。

(2)电极插头座绝对防止受潮,仪表应安置于干燥环境下,避免因水滴溅射或受潮引起仪表漏电或测量误差。

(3)电极应定期进行常数标定。

(4)因温度补偿是采用固定的2%的温度系数补偿的,故对高纯水测量时,应尽量采用不补偿方式进行测量后查表。

(5)测量电极是精密部件,不可分解,不可改变电极形状和尺寸,且不可用强酸、强碱清洗,以免改变电极常数而影响仪表测量的准确性。

(6)为确保测量精度,电极使用前应用小于$0.5~\mu S/cm$的蒸馏水(或去离子水)冲洗2次(铂黑电极干放一段时间后在使用前须在蒸馏水中浸泡一会儿),然后用被测试样冲洗3次方可测量。

项目 3-5 食品中总酸含量的测定

想一想

1. 食品中的酸度分为几种？分别是什么？
2. 食品中总酸度测定的原理是什么？
3. 什么是电位滴定法？

读一读

▶ 一、概述

食品的酸度不仅反映了酸味强度，也反映了其中酸性物质的含量或浓度。酸度在食品分析中涉及几种不同的概念和检测意义。

（一）酸度的概念

1. 总酸度

总酸度是指食品中所有酸性成分的总量。它包括未离解的酸的浓度和已离解的酸的浓度，其大小可借标准碱溶液滴定来测定。总酸度也称可滴定酸度。

2. 有效酸度

有效酸度是指被测溶液中 H^+ 的浓度（准确地说应该是活度），所反映的是已离解的那部分酸的浓度，常用 pH 表示。其大小可通过酸度计或 pH 试纸来测定。

3. 挥发性酸度

挥发酸是指食品中易挥发的有机酸，如醋酸及丁酸等低碳链的直链脂肪酸。挥发性酸度的大小可通过蒸馏法分离挥发酸，再通过标准碱溶液滴定来测定。

4. 牛乳酸度

牛乳酸度有两种：外表酸度和真实酸度。外表酸度与真实酸度之和即为牛乳的总酸度，其大小可通过对标准碱滴定来测定。

牛乳酸度有两种表示方法：①用"°T"来表示，是指滴定 100 mL 牛乳所消耗 0.100 0 mol/L NaOH 溶液的体积(mL)，如新鲜牛乳的酸度为 16～18°T；(2)用乳酸的百分含量来表示，即与总酸度的计算方法一样，用乳酸表示牛乳的酸度。

(二）测定酸度的意义

食品中的酸不仅作为酸味成分，而且在食品的加工、贮运及品质管理等方面被认为是重要的分析内容，测定食品中的酸度具有十分重要的意义。

(1)通过测定酸度，可以鉴定某些食品的质量。

例如，挥发酸含量的高低是衡量水果发酵制品质量好坏的一项重要技术指标，如果醋酸含量在 0.1％以上，则说明制品已经腐败；牛乳及其制品、番茄制品、啤酒、饮料类食品当其总酸含量高时，说明这些制品已由乳酸菌引起酸败；在油脂工业中，通过测定游离脂肪酸的含量，可以鉴别油脂的品质和精练程度；对鲜肉中有效酸度的测定，可以判断肉的品质，如新鲜肉的 pH 为 5.7～6.2，若 pH＞6.7 则说明肉已变质。

(2)食品的 pH 对其稳定性和色泽有一定的影响，降低 pH 可抑制酶的活性和微生物的生长。

例如，当 pH＜2.5 时，一般除霉菌外，大部分微生物的生长都受到抑制；在水果加工过程中，降低介质的 pH 可以抑制水果的酶促褐变，从而保持水果的本色。

(3)通过测定果蔬中糖和酸的含量，可以判断果蔬的成熟度，确定加工产品的配方，并可通过调整糖酸比获得风味极佳的产品。

有机酸在果蔬中的含量，因其成熟度及生长条件不同而异，一般随着成熟度的提高，有机酸含量下降，而糖含量增加，糖酸比增大。故测定酸度可判断某些果蔬的成熟度，对于确定果蔬收获期及加工工艺条件有指导意义。

(三）食品中的有机酸

食品中酸的种类很多，可分为有机酸和无机酸两类，但主要是有机酸，而无机酸含量很少。常见的有机酸有柠檬酸、苹果酸、酒石酸、草酸、琥珀酸、乳酸及醋酸等。这些酸有的是食品固有的，如果蔬及制品中的有机酸；有的是在生产、加工、贮藏过程中产生的，如酸奶、食醋中的有机酸。有机酸在食品中的分布是极不均衡的，果蔬中所含有机酸种类很多，酿造食品(如酱油、果酒、食醋)中也含多种有机酸。

1. 柠檬酸

柠檬酸是果蔬中分布最广的有机酸。在柑橘类及浆果类果实中含量最多，尤其在柠檬中可达干重的 6％～8％，蔬菜中以番茄、马铃薯等含量较多。

2. 苹果酸

苹果酸几乎存在于一切果实中，尤以仁果类的苹果、梨和核果类的桃、杏等含量较多，蔬菜中则以南瓜、黄瓜、胡萝卜等含量较多。

3. 酒石酸

酒石酸存在于许多水果中，尤以葡萄含量最多，蔬菜中以笋中含量较多。

4．草酸

草酸也是果蔬中普遍存在的一种有机酸,以钾盐和钙盐的形式存在。草酸在菠菜、竹笋等蔬菜中含量较多,而果实中含量较少。

5．琥珀酸

琥珀酸存在于未成熟的水果及低等植物中,尤以樱桃、蘑菇中含量较多。

另外,乳酸及醋酸常存在于发酵制品中,尤以酸奶、食醋中含量较多。

在同一个样品中,往往几种有机酸同时存在。但在分析有机酸含量时,是以主要有机酸为计算标准的。通常柑橘类及其制品以柠檬酸计算,仁果、核果类果实及其制品以苹果酸计算,葡萄及其制品以酒石酸计算,肉、鱼、乳及其制品用乳酸计算,酒类、调味品用乙酸计算。

本项目参照《食品安全国家标准　食品酸度的测定》(GB 5009.239—2016)和《食品中总酸的测定》(GB/T 12456—2008)中的测定方法,针对不同试样编写总酸度的测定方法。

二、总酸度的测定

(一)酸碱滴定法

1．原理

根据酸碱中和原理,试样经过处理后,以酚酞作为指示剂,用 0.100 0 mol/L 氢氧化钠标准溶液滴定至中性,记录消耗氢氧化钠溶液的体积数,经计算确定试样的酸度。

2．试剂和溶液

除非另有说明,本方法所有试剂均为分析纯;分析用水应符合 GB/T 6682—2008 规定的二级水规格或蒸馏水,使用前须经煮沸、冷却。

(1)氢氧化钠(NaOH)。

(2)酚酞。

(3)95％乙醇。

(4)乙醚。

(5)0.1 mol/L 或 0.05 mol/L 氢氧化钠标准滴定溶液。(配制方法见项目 3-1-1"分析用试剂溶液的制备"中"三、标准滴定溶液的配制与标定")

(6)1％酚酞溶液:称取 1 g 酚酞溶于 60 mL 95％乙醇中,用水稀释至 100 mL。

3．仪器、设备

组织捣碎机;水浴锅。

4．试样的制备

(1)液体样品:分以下两种情况。

①不含二氧化碳的样品:充分混合均匀,置于密闭玻璃容器内。

②含二氧化碳的样品:至少取 200 g 样品于 500 mL 烧杯中,置于电炉上,边搅拌边加热

至微沸腾,保持 2 min,称量,用煮沸过的水补充至煮沸前的质量,置于密闭玻璃容器内。

(2)固体样品:取有代表性的样品至少 200 g,置于研钵或组织捣碎机中,加入与试样等量的煮沸过的水,用研钵研碎或组织捣碎机捣碎,混匀后置于密闭玻璃容器内。

(3)固、液体样品:按样品的固、液比例至少 200 g,用研钵研碎或组织捣碎机捣碎,混匀后置于密闭玻璃容器内。

5. 试液的制备

(1)总酸含量小于或等于 4 g/kg 的试样:直接将试样用快速滤纸过滤,收集滤液,用于测定。

(2)总酸含量大于 4 g/kg 的试样:称取 10～50 g 试样,精确至 0.001 g,置于 100 mL 烧杯中,用约 80℃煮沸过的水将烧杯中的内容物转移到 250 mL 容量瓶中(总体积约 150 mL),置于沸水浴中煮沸 30 min,摇动 2～3 次,取出冷却至室温,用水稀释至刻度。用快速滤纸过滤,收集滤液于 250 mL 锥形瓶中备用。

6. 分析步骤

称取 25.000～50.000 g 试液,使之含 0.035～0.070 g 酸,置于 250 mL 三角瓶中。加 40～60 mL 水及 0.2 mL 1%酚酞指示剂,用 0.1 mol/L 氢氧化钠标准滴定溶液(如样品酸度较低,可用 0.01 mol/L 或 0.05 mol/L 氢氧化钠标准滴定溶液)滴定至微红色,并保持 30 s 不褪色。记录消耗 0.1 mol/L 氢氧化钠标准滴定溶液的毫升数(V_1)。

同一被测样品须测定两次。

空白试验:用水代替试液,重复以上操作,记录消耗 0.1 mol/L 氢氧化钠标准滴定溶液的毫升数(V_2)。

7. 计算

食品中总酸以每千克(或每升)样品中酸的克数表示,以 g/kg(或 g/L)为单位,按下式计算:

$$X = \frac{c \times (V_1 - V_2) \times K \times F}{m} \times 1\,000$$

式中:X——每千克(或每升)样品中酸的克数,g/kg(或 g/L);

c——氢氧化钠标准滴定溶液的浓度,mol/L;

V_1——滴定试液时消耗氢氧化钠标准滴定溶液的体积,mL;

V_2——空白试验时消耗氢氧化钠标准滴定溶液的体积,mL;

F——试液的稀释倍数;

m——试样质量(或体积),g(或 mL);

K——酸的换算系数。各种酸的换算系数分别为:苹果酸,0.067;乙酸,0.060;酒石酸,0.075;柠檬酸,0.064;柠檬酸,0.070(含一分子结晶水);乳酸,0.090。

计算结果精确到小数点后第二位。

8．允许差

同一样品的两次测定值之差，不得超过两次测定平均值的 2%。

(二)pH 电位滴定法

1．原理

根据酸碱中和原理，用碱液滴定试液中的酸，溶液的电位发生"突跃"时即为滴定终点，按碱液的消耗量计算食品中的总酸含量。

2．试剂和溶液

所有试剂均为分析纯；分析用水应符合 GB/T 6682—2008 规定的二级水规格或蒸馏水，使用前须经煮沸、冷却。

(1)0.1 mol/L 或 0.05 mol/L 氢氧化钠标准滴定溶液。（配制方法见项目 3-1-1"分析用试剂溶液的制备"中"三、标准滴定溶液的配制与标定"）

(2)pH 8.0 缓冲溶液：取氢氧化钠溶液(0.100 0 mol/L)46.1 mL 与磷酸二氢钾溶液(0.2 mol/L)25.0 mL 混合。或 pH 4.00，pH 6.86，pH 9.18 成套缓冲溶液。

3．仪器、设备

酸度计；电磁搅拌器；研钵或组织捣碎机；水浴锅。

4．试样的制备

(1)液体样品：分以下两种情况。

①不含二氧化碳的样品：充分混合均匀，置于密闭玻璃容器内。

②含二氧化碳的样品：至少取 200 g 样品于 500 mL 烧杯中，置于电炉上，边搅拌边加热至微沸腾，保持 2 min，称量，用煮沸过的水补充至煮沸前的质量，置于密闭玻璃容器内。

(2)固体样品：取有代表性的样品至少 200 g，置于研钵或组织捣碎机中，加入与试样等量的煮沸过的水，用研钵研碎或组织捣碎机捣碎，混匀后置于密闭玻璃容器内。

(3)固、液体样品：按样品的固、液比例样品至少 200 g，用用研钵研碎或组织捣碎机捣碎，混匀后置于密闭玻璃容器内。

5．试液的制备

(1)总酸含量小于或等于 4 g/kg 的试样：直接将试样用快速滤纸过滤，收集滤液，用于测定。

(2)总酸含量大于 4 g/kg 的试样：称取 10～50 g 试样，精确至 0.001 g，置于 100 mL 烧杯中，用约 80℃煮沸过的水将烧杯中的内容物转移到 250 mL 容量瓶中（总体积约 150 mL），置于沸水浴中煮沸 30 min，摇动 2～3 次，取出冷却至室温，用水稀释至刻度。用快速滤纸过滤，收集滤液于 250 mL 锥形瓶中备用。

6．分析步骤

称取 20.000～50.000 g 试液，使之含 0.035～0.070 g 酸，置于 150 mL 烧杯中。加 40～

60 mL 水,将酸度计电源接通,用缓冲溶液校正酸度计。将盛有试液的烧杯放到电磁搅拌器中,加入搅拌子,浸入电极,开动搅拌器。用 0.1 mol/L 氢氧化钠标准滴定溶液(如样品酸度较低,可用 0.01 mol/L 或 0.05 mol/L 氢氧化钠标准滴定溶液)滴定,随时观察 pH 的变化,当接近终点时,放慢滴定速度,直至溶液到达终点。记录消耗 0.1 mol/L 氢氧化钠标准滴定溶液的毫升数(V_1)。

同一被测样品须测定两次。

空白试验:用水代替试液,重复以上操作,记录消耗 0.1 mol/L 氢氧化钠标准滴定溶液的毫升数(V_2)。

各种酸滴定终点的 pH:磷酸,8.7～8.8;其他酸 8.3。

7. 计算

食品中总酸以每千克(或每升)样品中酸的克数表示,以 g/kg(或 g/L)为单位,按下式计算:

$$X = \frac{c \times (V_1 - V_2) \times K \times F}{m} \times 1\,000$$

式中:X——每千克(或每升)样品中酸的克数,g/kg(或 g/L);

c——氢氧化钠标准滴定溶液的浓度,mol/L;

V_1——滴定试液时消耗氢氧化钠标准滴定溶液的体积,mL;

V_2——空白试验时消耗氢氧化钠标准滴定溶液的体积,mL;

F——试液的稀释倍数;

m——试样质量(或体积),g(或 mL);

K——酸的换算系数。各种酸的换算系数分别为:苹果酸,0.067;乙酸,0.060;酒石酸,0.075;柠檬酸,0.064;柠檬酸,0.070(含一分子结晶水);乳酸,0.090。

计算结果精确到小数点后第二位。

8. 允许差

同一样品的两次测定值之差,不得超过两次测定平均值的 2%。

9. 技术说明

(1)酸碱滴定法适用于各类色浅的食品中总酸度含量的测定,若样液颜色过深或浑浊,终点不易判断时,可采用 pH 电位滴定法。

(2)因食品中含有多种有机酸,总酸度测定结果通常以样品中含量最多的那种酸表示。一般分析葡萄及其制品时,用酒石酸表示,其 $K=0.075$;分析柑橘类果实及其制品时,用柠檬酸表示,$K=0.064$ 或 0.070(带一分子水);分析苹果、核桃类果实及其制品时,用苹果酸表示,$K=0.067$;分析乳品、肉类、水产品及其制品时,用乳酸表示,$K=0.090$;分析酒类、调味品时,用乙酸表示,$K=0.060$。

练一练

如何测定饮料中总酸度的含量?

1.通过查阅哪些食品安全国家标准来制订检验方案?

2.需要准备什么仪器?

序号	名称	型号规格	个数
1	分析天平		
2	滴定管		
3	三角瓶		
4	⋮		
5			
6			
7			
8			
9			
10			

3.需要准备什么药品?

序号	药品名称	纯度	克数/g
1	氢氧化钠(NaOH)	分析纯(AR)	
2	⋮		
3			
4			

4.操作步骤:

(1)

(2)

(3)

5.数据记录及处理：

检测数据	名称	1	2	3	平均值
1	样品的质量或体积 m/g 或 mL				
2	氢氧化钠标准滴定溶液的浓度 $c/(\text{mol/L})$				
3	滴定试液时消耗氢氧化钠标准滴定溶液的体积 V_1/mL				
4	空白试验时消耗氢氧化钠标准滴定溶液的体积 V_2/mL				
5	试液的稀释倍数 F				
6	酸的换算系数 K				
7	计算公式				

6.计算结果及结论：

7.操作过程中需要注意什么？

（1）

（2）

（3）

（4）

提示：如滴定的操作要点，移液的操作……

项目 3-6　食品中脂肪的测定

想一想

1. 测定食品中脂肪的方法有几种？分别适用于什么样品的测定？
2. 乳及乳制品脂类测定的国际方法是哪一个？

读一读

一、概述

脂肪是食品中重要的营养成分之一。大多数动物性食品和一些植物性食品，尤其是植物的种子、果实或果仁，都含有脂肪或类脂化合物。食品中的脂肪主要是甘油三酯及一些类脂化合物，如脂肪酸、磷脂、糖脂、甾醇等。

(一)测定脂肪的意义

1. 脂肪在食品中的作用

脂肪是食品中重要的营养成分之一，具有较高能量，可为人体提供必需脂肪酸（如亚油酸、亚麻酸和花生油酸）。同时，脂肪也是一种富含热能的营养素，是人体热能的主要来源。脂肪还是脂溶性维生素的良好溶剂，有助于脂溶性维生素的吸收。此外，脂肪与蛋白质结合生成脂蛋白，在调节人体生理机能和完成体内生化反应方面都起着十分重要的作用。但是，摄入含脂过多的动物食品，如动物的内脏等，又会导致人体内胆固醇增高，从而诱发心血管疾病的产生。

2. 脂肪在食品加工中的作用

在食品加工过程中，原料、半成品、成品的脂类含量对产品的风味、组织结构、品质、外观、口感等都有直接的影响。

脂肪是食品质量管理中的一项重要指标。测定食品的脂肪含量，对评价食品的品质、衡量食品的营养价值等方面都有重要的意义。

(二)食品中脂肪的存在形式

食品中的脂肪有游离态和结合态两种存在形式。动物性脂肪和植物性油脂是游离态的,而天然存在的磷脂、糖脂、脂蛋白及某些加工食品(如焙烤食品等)中的脂肪则与蛋白质或碳水化合物结合形成结合态。食品中脂肪含量变动较大,如牛乳脂肪含量为 3.0%~4.2%,奶油 80%~82%,全脂乳粉 25%~30%,黄豆 12.1%~20.2%,生花生仁 30.5%~39.2%,核桃仁 63.9%~69%,芝麻 50%~57%,稻米 0.4%~3.2%,小麦粉 0.5%~1.5%,全蛋 11.3%~15%,蛋黄 30%~30.5%,全蛋粉 34.5%~42%,果蔬在 1%以下。

(三)脂类的提取

脂类不溶于水,易溶于有机溶剂,故测定脂类大多采用低沸点有机溶剂萃取的方法。常用的溶剂有乙醚、石油醚、氯仿-甲醇混合溶剂等。

其中乙醚溶解脂肪的能力很强,应用最多。但乙醚的沸点低(34.6℃),易燃,且可含约 2%的水分,而含水乙醚会同时抽出糖分等非脂成分。所以使用乙醚萃取时,必须采用无水乙醚作提取剂,且要求样品无水分。

石油醚溶解脂肪的能力比乙醚弱些,但吸收水分比乙醚少,没有乙醚易燃,故使用时允许样品含有微量水分。乙醚和石油醚这两种溶剂只能直接提取游离的脂肪,对于结合态脂类,则必须预先用酸或碱破坏脂类和非脂成分的结合后才能提取。因两者各有特点,故常常混合使用。

氯仿-甲醇混合溶剂是另一种有效的溶剂,它对于脂蛋白和磷脂的提取效率较高,特别适用于水产品、家禽、蛋制品等食品中脂肪的提取。

(四)脂肪的测定方法

食品中脂肪的测定方法很多,参照《食品安全国家标准 食品中脂肪的测定》(GB 5009.6—2016),常用的脂肪测定方法有索氏抽提法、酸水解法、碱水解法、盖勃法等。

▶ 二、食品中脂肪的测定

(一)索氏抽提法

索氏抽提法是经典的方法,适用于脂类含量较高、结合态脂少、能烘干磨细不易吸潮结块的样品的测定,如水果、蔬菜及其制品、粮食及粮食制品、肉及肉制品、蛋及蛋制品、水产及其制品、焙烤食品、糖果等食品中游离态脂肪含量的测定。

1. 原理

脂肪易溶于有机溶剂。试样直接用无水乙醚或石油醚等溶剂抽提后,蒸发除去溶剂,干燥称重,得到游离态脂肪的含量。

2. 仪器

(1)索氏提取器,如图 3-6-1 所示。

（2）恒温水浴锅。

（3）分析天平：感量 0.001 g 和 0.000 1 g。

（4）电热鼓风干燥箱。

（5）干燥器：内装有效干燥剂，如硅胶。

（6）蒸发皿。

3. 试剂

除非另有说明，本方法所用试剂均为分析纯，水为 GB/T 6682—2008 规定的三级水。

（1）无水乙醚或石油醚（沸程为 30～60 ℃）。

（2）石英砂或海砂。

4. 操作步骤

（1）样品处理。

①固体样品：称取充分混匀后的试样 2～5 g，准确至 0.001 g，全部移入滤纸筒内。谷物或干燥制品用粉碎机粉碎过 40 目筛，肉用绞肉机绞 2 次。一般用组织捣碎机

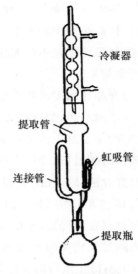

图 3-6-1　索氏提取器

捣碎后，称取 2.00～5.00 g（可取测定水分后的样品），必要时拌以海砂，全部移入滤纸筒内。

②液体或半固体样品：称取混匀后的试样 5～10 g，准确至 0.001 g，置于蒸发皿中；加入约 20 g 石英砂，于沸水浴上蒸干；在电热鼓风干燥箱中于 100 ℃±5 ℃干燥 30 min 后，取出，研细，全部移入滤纸筒内。蒸发皿及粘有试样的玻璃棒，均用蘸有乙醚的脱脂棉擦净，并将棉花放入滤纸筒内。

（2）抽提。将滤纸筒放入索氏提取器的提取管内，连接已干燥至恒重的提取瓶，由提取器冷凝管上端加入无水乙醚或石油醚至瓶内容积的 2/3 处，于水浴上加热，使无水乙醚或石油醚不断回流抽提（6～8 次/h），一般抽提 6～10 h。提取结束时，用磨砂玻璃棒接取 1 滴提取液，磨砂玻璃棒上无油斑表明提取完毕。

（3）称量。取下提取瓶，回收无水乙醚或石油醚。待提取瓶内溶剂剩余 1～2 mL 时在水浴上蒸干，再于 100 ℃±5 ℃干燥 1 h，放干燥器内冷却 0.5 h 后称量。重复以上操作直至恒重（直至两次称量的差不超过 2 mg）。

5. 计算

$$X = \frac{m_1 - m_0}{m_2} \times 100$$

式中：X——试样中脂肪的含量，g/100 g；

m_1——恒重后提取瓶和脂肪的含量，g；

m_0——提取瓶的质量，g；

m_2——试样的质量，g；

100——换算系数。

计算结果表示到小数点后一位。

6．说明及注意事项

(1)样品必须干燥无水,否则会导致水溶性物质溶解,影响有机溶剂的提取效果。

(2)样品滤纸包不得漏样,高度不得超过虹吸管高度的2/3,否则因上部脂肪不能提净而影响测定结果。

(3)样品和醚浸出物在烘箱中干燥的时间不能过长,反复加热会因脂类氧化而增重。

(4)乙醚易燃,勿近明火,实验室要通风,加热提取时用水浴。

(5)所用乙醚不得含过氧化物,因过氧化物会导致脂肪氧化,且有引起爆炸的危险。若乙醚放置时间过长,会产生过氧化物,故使用前应严格检查,并除去过氧化物。

检查方法:取 5 mL 乙醚于试管中,加 1 mL 10%的碘化钾溶液,用力振摇 1 min,静置分层。若有过氧化物则释放出游离碘,水层出现黄色(可加几滴淀粉指示剂显蓝色),则证明有过氧化物存在,应另选乙醚或处理后再用。

去除过氧化物的方法:将乙醚倒入蒸馏瓶中,加一段无锈铁丝或铝丝,收集重蒸馏乙醚。

(6) 不得在仪器的接口处涂抹凡士林。

(二) 酸水解法

酸水解法适用于水果、蔬菜及其制品、粮食及粮食制品、肉及肉制品、蛋及蛋制品、水产及其制品、焙烤食品、糖果等食品中游离态脂肪及结合态脂肪总量的测定。

1．原理

食品中的结合态脂肪必须用强酸使其游离出来,游离出的脂肪易溶于有机溶剂。试样经盐酸水解后用无水乙醚或石油醚提取,除去溶剂即得游离态和结合态脂肪的总含量。

2．仪器

(1)恒温水浴锅。

(2)电热板:满足 200℃高温。

(3)锥形瓶。

(4)分析天平:感量为 0.1 g 和 0.001 g。

(5)电热鼓风干燥箱。

3．试剂

除非另有说明,本方法所用试剂均为分析纯,水为 GB/T 6682—2008 规定的三级水。

(1)乙醇。

(2)无水乙醚。

(3)石油醚(C_nH_{2n+2}):沸程为 30~60℃。

(4)盐酸溶液(2 mol/L):量取 50 mL 盐酸,加入 250 mL 水中,混匀。

(5)碘液(0.05 mol/L):称取 6.5 g 碘和 25 g 碘化钾于少量水中溶解,稀释至 1 L。

(6)蓝色石蕊试纸。

(7)脱脂棉。

(8)滤纸:中速。

4. 操作步骤

（1）样品处理。

①肉制品：称取混匀后的试样 3～5 g，准确至 0.001 g，置于锥形瓶（250 mL）中，加入 50 mL 2 mol/L 盐酸溶液和数粒玻璃细珠，盖上表面皿，于电热板上加热至微沸，保持 1 h，每 10 min 旋转摇动 1 次。取下锥形瓶，加入 150 mL 热水，混匀，过滤。锥形瓶和表面皿用热水洗净，热水一并过滤。沉淀用热水洗至中性（用蓝色石蕊试纸检验，中性时试纸不变色）。将沉淀和滤纸置于大表面皿上，于 100℃±5℃ 干燥箱内干燥 1 h，冷却。

②淀粉：根据总脂肪含量的估计值，称取混匀后的试样 25～50 g，准确至 0.1 g，倒入烧杯并加入 100 mL 水。将 100 mL 盐酸缓慢加到 200 mL 水中，并将该溶液在电热板上煮沸后加入样品液中，加热此混合液至沸腾并维持 5 min。停止加热后，取几滴混合液于试管中，待冷却后加入 1 滴碘液，若无蓝色出现，可进行下一步操作。若出现蓝色，应继续煮沸混合液，并用上述方法不断地进行检查，直至确定混合液中不含淀粉为止，再进行下一步操作。将盛有混合液的烧杯置于水浴锅（70～80℃）中 30 min，不停地搅拌，以确保温度均匀，使脂肪析出。用滤纸过滤冷却后的混合液，并用干滤纸片取出黏附于烧杯内壁的脂肪。为确保定量的准确性，应将冲洗烧杯的水进行过滤。在室温下用水冲洗沉淀和干滤纸片，直至滤液用蓝色石蕊试纸检验不变色。将含有沉淀的滤纸和干滤纸片折叠后，放置于大表面皿上，在 100℃±5℃ 的电热恒温干燥箱内干燥 1 h。

③其他食品：a）固体试样：称取 2～5 g，准确至 0.001 g，置于 50 mL 试管内，加入 8 mL 水，混匀后再加 10 mL 盐酸。将试管放入 70～80℃ 水浴中，每隔 5～10 min 以玻璃棒搅拌 1 次，至试样消化完全为止，40～50 min。b）液体试样：称取约 10 g，准确至 0.001 g，置于 50 mL 试管内，加 10 mL 盐酸。其余操作与 a）相同。

（2）抽提。

①肉制品、淀粉：将干燥后的试样装入滤纸筒内，将滤纸筒放入提取管内，连接已干燥至恒重的提取瓶，由提取管上端加入无水乙醚或石油醚至瓶内容积的 2/3 处，于水浴上加热，使无水乙醚或石油醚不断回流抽提（6～8 次/h），一般抽提 6～10 h。提取结束时，用磨砂玻璃棒接取 1 滴提取液，磨砂玻璃棒上无油斑表明提取完毕。

②其他食品：取出试管，加入 10 mL 乙醇，混合。冷却后将混合物移入 100 mL 具塞量筒中，以 25 mL 无水乙醚分数次洗试管，一并倒入量筒中。待无水乙醚全部倒入量筒后，加塞振摇 1 min，小心开塞，放出气体，再塞好，静置 12 min，小心开塞，并用乙醚冲洗塞及量筒口附着的脂肪。静置 10～20 min，待上部液体清晰，吸出上清液于已恒重的锥形瓶内，再加 5 mL 无水乙醚于具塞量筒内，振摇，静置后，仍将上层乙醚吸出，放入原锥形瓶内。

（3）称量。

同索氏抽提法。

5. 计算

同索氏抽提法。

（三）氯仿-甲醇提取法

索氏抽提法只能提取游离态的脂肪，而对包含在组织内部的脂类及磷脂等结合态的脂肪不能完全提取出来;酸水解法又常使磷脂分解而损失。在一定水分存在下,极性的甲醇与非极性的氯仿混合溶液却能有效地提取结合态脂类。此法适合于鱼类、蛋类等结合态脂多的样品脂类的测定,对于高水分生物样品更为有效。对于干燥样品可先在试样中加入一定量的水分,使组织膨润后再提取。

1. 原理

将试样分散于氯仿-甲醇混合液中,在水浴上轻微沸腾,氯仿-甲醇混合液与样品中一定的水分形成提取脂类的有效溶剂,在使样品组织中结合态脂类游离出来的同时,与磷脂等极性脂类的亲和性增大,从而有效地提取出全部脂类。经过滤除去非脂成分,回收溶剂,残留脂类用石油醚提取,蒸去石油醚,在100℃左右的烘箱中干燥后定量。

2. 仪器

(1)具塞三角瓶。

(2)电热恒温水浴锅:50～100℃。

(3)提取装置:如图3-6-2所示。

(4)布氏漏斗:11G-3,过滤板直径40 mm,容量60～100 mL。

(5)具塞离心管。

(6)离心机:3 000 r/min。

3. 试剂

(1)氯仿。

(2)甲醇。

(3)氯仿-甲醇混合液:按2∶1体积比混合。

(4)石油醚。

(5)无水硫酸钠:在120～135℃烘箱中干燥1～2 h。

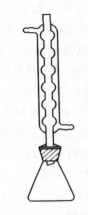

图3-6-2　提取装置

4. 操作步骤

(1)提取。准确称取均匀样品5 g,置于200 mL具塞三角瓶内(高水分样品可加适量硅藻土使其分散,而干燥样品则要加入2～3 mL水使组织膨润),加60 mL氯仿-甲醇混合液,连接提取装置,于65℃水浴中加热,从微沸开始计时提取1 h。

(2)回收溶剂。提取结束后,取下三角瓶,用布氏漏斗过滤,滤液收集于另一具塞三角瓶内。用40～50 mL氯仿-甲醇混合液分次洗涤原三角瓶、过滤器及试样残渣,洗液并入滤液中。将滤液置于65～70℃水浴中蒸馏回收溶剂,至三角瓶内物料呈浓稠状(不能干涸),冷却。

(3)萃取、定量。用移液管向以上锥形瓶中加入25 mL石油醚,再加入15 g无水硫酸钠,立即加塞振摇1 min。将醚层移入具塞离心沉淀管中,以3 000 r/min的速度离心5 min。用移液管迅速吸取10 mL离心管中澄清后的醚层于已恒重的称量瓶内,蒸发除去石油醚后于100～105℃的烘箱中干燥30 min,置干燥器内冷却后称重。

5. 计算

$$X = \frac{(m_2 - m_1)2.5}{m} \times 100\%$$

式中：X——脂类的含量，g/100 g；

  m——样品质量，g；

  m_2——称量瓶与脂类质量，g；

  m_1——称量瓶质量，g；

  2.5——从 25 mL 石油醚中取 10 mL 进行干燥，故乘以系数 2.5。

6. 说明及注意事项

(1)过滤时不能使用滤纸，因为磷脂会被吸收到滤纸上。

(2)蒸馏回收溶剂时，不能完全干涸，否则脂类难以溶解于石油醚中而致结果偏低。

(3)无水硫酸钠必须在石油醚之后加入，以免影响石油醚对脂肪的溶解。

三、乳脂的测定方法

(一) 巴布科克法

1. 原理

在牛乳中加入硫酸破坏牛乳胶质性和覆盖在脂肪球上的蛋白质外膜，离心分离脂肪后测量其体积。

2. 仪器

(1)乳脂离心机。

(2)巴布科克氏乳脂瓶：如图 3-6-3 所示。

3. 试剂

(1)硫酸：相对密度 1.820～1.825。

(2)异戊醇。

4. 操作步骤

准确吸取 17.6 mL 样品，倒入巴布科克氏乳脂瓶中，再取 17.5 mL 硫酸，沿瓶颈缓缓流入瓶中，将瓶颈回旋，使充分混合，至呈均匀棕色液体。置乳脂离心机上，以约 1 000 r/min 的转速离心 5 min；取出，置 80℃ 以上水浴中，加入 80℃ 以上的水至瓶颈基部，再置离心机中

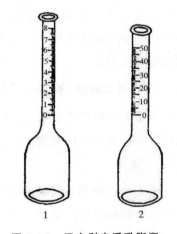

图 3-6-3　巴布科克氏乳脂瓶

离心 2 min；取出后再置 80℃ 水浴中，加入 80℃ 以上的水至脂肪浮到 2 或 3 刻度处，再置离心机中离心 2 min；取出后置 55～60℃ 水浴中，5 min 后，取出立即读数，即为脂肪的百分数。

(二)盖勃氏法

1.原理

在乳中加入硫酸破坏乳胶质性和覆盖在脂肪球上的蛋白质外膜,离心分离脂肪后测量其体积。

2.仪器

(1)盖勃氏乳脂计:最小刻度值为 0.1%,如图 3-6-4 所示。

(2)乳脂离心机。

(3)10.75 mL 单标乳吸管。

3.试剂

除非另有说明,本方法所用试剂均为分析纯,水为 GB/T 6682—2008 规定的三级水。

(1)硫酸(H_2SO_4):分析纯,ρ_{20} 约 1.84 g/L。

(2)异戊醇($C_5H_{12}O$):分析纯。

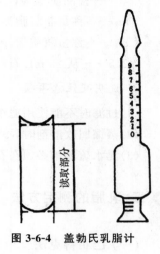

图 3-6-4 盖勃氏乳脂计

4.操作步骤

于盖勃氏乳脂计中先加入 10 mL 硫酸,再沿着管壁小心准确加入 10.75 mL 试样,使试样与硫酸不要混合,然后加 1 mL 异戊醇,塞上橡皮塞,使瓶口向下,同时用布包裹以防冲出,用力振摇使呈均匀棕色液体,静置数分钟(瓶口向下);置 65～70℃水浴中 5 min,取出后置于乳脂离心机中以 1 100 r/min 的转速离心 5 min,再置于 65～70℃水浴水中保温 5 min(注意水浴水面应高于乳脂计脂肪层)。取出,立即读数,即为脂肪的百分数。

(三)碱水解法(罗紫—哥特里法)

本法也称碱性乙醚法,适用于乳、乳制品及冰激凌中脂肪含量的测定,也适用于豆乳及乳状食品脂类含量的测定,是乳及乳制品脂类测定的国际方法。

1.原理

用无水乙醚和石油醚抽提样品中的碱(氨水)水解液,通过蒸馏或蒸发去除溶剂,测定溶于溶剂中的抽提物的质量。

2.仪器

(1)分析天平:感量为 0.000 1 g。

(2)离心机:可用于放置抽脂瓶或管,转速为 500～600 r/min,可在抽脂瓶外端产生 80～90 g 的重力场。

(3)电热鼓风干燥箱。

(4)干燥器:内装有效干燥剂,如硅胶。

(5)抽脂瓶:抽脂瓶应带有软木塞或其他不影响溶剂使用的瓶塞(如硅胶或聚四氟乙烯)。软木塞应先浸泡于乙醚中,后放入60℃或60℃以上的水中保持至少15 min,冷却后使用。不用时需浸泡在水中,浸泡用水每天更换1次。

注:也可使用带虹吸管或洗瓶的抽脂管(或烧瓶),但操作步骤有所不同。接头的内部长支管下端可呈勺状。

3.试剂

除非另有说明,本方法所用试剂均为分析纯,水为GB/T 6682—2008规定的三级水。

(1)淀粉酶:酶活力≥1.5 U/mg。

(2)氨水:质量分数约25%。也可使用比此浓度更高的氨水。

(3)乙醇:体积分数至少为95%。

(4)无水乙醚。

(5)石油醚:沸程30~60℃。

(6)刚果红。

(7)盐酸(HCl)。

(8)碘(I_2)。

(9)混合溶剂:等体积混合乙醚和石油醚,现用现配。

(10)碘溶液(0.1 mol/L):称取碘12.7 g和碘化钾25 g,于水中溶解并定容至1 L。

(11)刚果红溶液:将1 g刚果红溶于水中,稀释至100 mL。(注:可选择性地使用。刚果红溶液可使溶剂和水相界面清晰,也可使用其他能使水相染色而不影响测定结果的溶液。)

(12)盐酸溶液(6 mol/L):量取50 mL盐酸缓慢倒入40 mL水中,定容至100 mL,混匀。

4.使用带软木塞的抽脂瓶的操作步骤

(1)试样碱水解。

①巴氏杀菌乳、灭菌乳、生乳、发酵乳、调制乳:称取充分混匀试样10 g(精确至0.000 1 g)于抽脂瓶中。加入2.0 mL氨水,充分混合后立即将抽脂瓶放入65℃±5℃的水浴中,加热15~20 min,不时取出振荡。取出后,冷却至室温。静置30 s。

②乳粉及乳基婴幼儿食品:称取混匀后的试样,高脂乳粉、全脂乳粉、全脂加糖乳粉和乳基婴幼儿食品约1 g(精确至0.000 1 g),脱脂乳粉、乳清粉、酪乳粉约1.5 g(精确至0.000 1 g)。

a)不含淀粉样品:加入10 mL 65℃±5℃的水,将试样洗入抽脂瓶的小球,充分混合,直到试样完全分散,放入流动水中冷却。

b)含淀粉样品:将试样放入抽脂瓶中,加入约0.1 g的淀粉酶,混合均匀后,加入8~10 mL 45℃的水,注意液面不要太高。盖上瓶塞于搅拌状态下,置65℃±5℃水浴中2 h,每隔10 min摇混1次。为检验淀粉是否水解完全可加入2滴约0.1 mol/L的碘溶液,如无蓝色出现说明水解完全,否则将抽脂瓶重新置于水浴中,直至无蓝色产生。抽脂瓶冷却至室温。

其余操作同试样碱水解中步骤①。

③炼乳:脱脂炼乳、全脂炼乳和部分脱脂炼乳称取 3～5 g,高脂炼乳称取约 1.5 g(精确至 0.000 1 g),用 10 mL 水,分次洗入抽脂瓶小球中,充分混合均匀。其余操作同试样碱水解中步骤①。

④奶油、稀奶油:先将奶油试样放入温水浴中溶解并混合均匀后,称取试样约 0.5 g(精确至 0.000 1 g),稀奶油称取约 1 g 于抽脂瓶中,加入 8～10 mL 约 45℃的水。再加 2 mL 氨水充分混匀。其余操作同试样碱水解中步骤①。

⑤干酪:称取约 2 g 研碎的试样(精确至 0.000 1 g)于抽脂瓶中,加 10 mL 6 mol/L 盐酸,混匀,盖上瓶塞,于沸水中加热 20～30 min,取出冷却至室温,静置 30 s。其余操作同试样碱水解中步骤①。

(2)抽提。

①加入 10 mL 乙醇,缓和但彻底地进行混合,避免液体太接近瓶颈。如果需要,可加入 2 滴刚果红溶液。

②加入 25 mL 乙醚,塞上瓶塞,将抽脂瓶保持在水平位置,小球的延伸部分朝上夹到摇混器上,按约 100 次/min 振荡 1 min,也可采用手动振摇方式。但均应注意避免形成持久乳化液。抽脂瓶冷却后小心地打开塞子,用少量的混合溶剂冲洗塞子和瓶颈,使冲洗液流入抽脂瓶。

③加入 25 mL 石油醚,塞上重新润湿的塞子,按抽提中步骤②所述,轻轻振荡 30 s。

④将加塞的抽脂瓶放入离心机中,在 500～600 r/min 下离心 5 min,否则将抽脂瓶静置至少 30 min,直到上层液澄清,并明显与水相分离。

⑤小心地打开瓶塞,用少量的混合溶剂冲洗塞子和瓶颈内壁,使冲洗液流入抽脂瓶。如果两相界面低于小球与瓶身相接处,则沿瓶壁边缘慢慢地加入水,使液面高于小球和瓶身相接处,如图 3-6-5 所示,以便于倾倒。

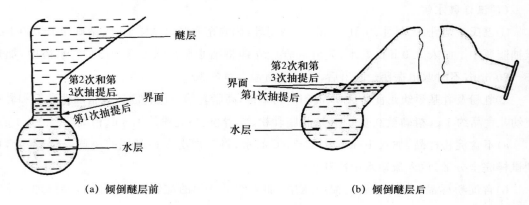

(a) 倾倒醚层前　　　　　　　　　　　　(b) 倾倒醚层后

图 3-6-5　操作示意图

⑥将上层液尽可能地倒入已准备好的加入沸石的脂肪收集瓶中,避免倒出水层,如图 3-6-5(b)所示。

⑦用少量混合溶剂冲洗瓶颈外部,冲洗液收集在脂肪收集瓶中。应防止溶剂溅到抽脂瓶的外面。

⑧向抽脂瓶中加入 5 mL 乙醇,用乙醇冲洗瓶颈内壁,按抽提步骤①所述进行混合。重复抽提步骤②～⑦操作,用 15 mL 无水乙醚和 15 mL 石油醚,进行第 2 次抽提。

⑨重复抽提步骤②～⑦操作,用 15 mL 无水乙醚和 15 mL 石油醚,进行第 3 次抽提。

⑩空白试验与样品检验同时进行,采用 10 mL 水代替试样,使用相同步骤和相同试剂。

(3)称量。

合并所有提取液,既可采用蒸馏的方法除去脂肪收集瓶中的溶剂,也可于沸水浴上蒸发至干来除掉溶剂。蒸馏前用少量混合溶剂冲洗瓶颈内部。将脂肪收集瓶放入 100℃±5℃ 的烘箱中干燥 1 h,取出后置于干燥器内冷却 0.5 h 后称量。重复以上操作直至恒重(直至两次称量的差不超过 2 mg)。

5.使用带虹吸管或洗瓶的抽脂管的操作步骤

(1)试样碱水解。

①巴氏杀菌、灭菌乳、生乳、发酵乳、调制乳:称取充分混匀样品 10 g(精确至 0.001 g)于抽脂管底部。加入 2 mL 氨水,与管底部已稀释的样品彻底混合。将抽脂管放入 65℃±5℃ 的水浴中,加热 15～20 min,偶尔振荡样品管,然后冷却至室温。

②乳粉及乳基婴幼儿食品:称取混匀后的样品,高脂乳粉、全脂乳粉、全脂加糖乳粉和乳基婴幼儿配方食品约 1 g(精确至 0.001 g),脱脂乳粉、乳清粉、酪乳粉约 1.5 g(精确至 0.001 g),于抽脂管底部,加入 10 mL 65℃±5℃ 的水,充分混合,直到样品完全分散,放入流动水中冷却。其余操作同试样碱水解中步骤①。

③炼乳:脱脂炼乳称取约 10 g,全脂炼乳和部分脱脂炼乳称取 3～5 g,高脂炼乳称取约 1.5 g(精确至 0.001 g),于抽脂管底部。加入 10 mL 水,充分混合均匀。其余操作同试样碱水解中步骤①。

④奶油、稀奶油:先将奶油样品放入温水浴中溶解并混合均匀后,奶油称取约 0.5 g 样品,稀奶油称取 1 g 于抽脂管底部(精确至 0.001 g)。其余操作同试样碱水解中步骤①。

⑤干酪:称取约 2 g 研碎的样品(精确至 0.001 g)。加水 9 mL、氨水 2 mL,用玻璃棒搅拌均匀后微微加热使酪蛋白溶解,用盐酸中和后再加盐酸 10 mL,加海砂 0.5 g,盖好玻璃盖,以文火煮沸 5 min,冷却后将烧杯内容物移入抽脂管底部,用 25 mL 无水乙醚冲洗烧杯,洗液并入抽脂管中。

(2)抽提。

①加入 10 mL 无水乙醇,在管底部轻轻彻底地混合,必要时加入两滴刚果红溶液。

②加入 25 mL 无水乙醚,加软木塞(已被水饱和),或用水浸湿的其他瓶塞,上下反转 1 min,不要过度(避免形成持久性乳化液)。必要时,将管子放入流动的水中冷却,然后小心地打开软木塞,用少量的混合溶剂(使用洗瓶)冲洗塞子和管颈,使冲洗液流入管中。

③加入 25 mL 石油醚,加塞(塞子重新用水润湿),按抽提步骤②所述轻轻振荡 30 s。

④将加塞的管子放入离心机中,在 500～600 r/min 下离心 1～5 min。或静置至 30 min,直到上层液澄清,并明显地与水相分离,冷却。

⑤小心地打开软木塞,用少量混合溶剂洗塞子和管颈,使冲洗液流入管中。

⑥将虹吸管或洗瓶接头插入管中,向下压长支管,直到距两相界面的上方 4 mm 处,内部长支管应与管轴平行。小心地将上层液移入含有沸石的脂肪收集瓶中,也可用金属皿。避免移入任何水相。用少量混合溶剂冲洗长支管的出口,收集冲洗液于脂肪收集瓶中。

⑦松开管颈处的接头,用少量的混合溶剂冲洗接头和内部长支管的较低部分,重新插好接头,将冲洗液移入脂肪收集瓶中。用少量的混合溶剂冲洗出口,冲洗液收集于瓶中,必要时通过蒸馏或蒸发去除部分溶剂。

⑧再松开管颈处的接头,微微抬高接头,加入 5 mL 乙醇,用乙醇冲洗长支管,如抽提中步骤①所述混合。

⑨重复抽提中步骤②～⑦进行第 2 次抽提,但仅用 15 mL 乙醚和 15 mL 石油醚,抽提之后,在移开管接头时,用乙醚冲洗内部长支管。

⑩重复抽提中步骤②～⑦,不加乙醇,进行第 3 次抽提,仅用 15 mL 无水乙醚和 15 mL 石油醚。注:如果产品中脂肪的质量分数低于 5%,可省略第 3 次抽提。

(3)称量。

同碱水解法"4.使用带软木塞的抽脂瓶的操作步骤"中的"称量"步骤。

6. 计算

$$X=\frac{(m_1-m_2)-(m_3-m_4)}{m}\times100\%$$

式中:X——试样中脂肪的含量,g/100 g;

m_1——恒重后脂肪收集瓶和脂肪的质量,g;

m_2——脂肪收集瓶的质量,g;

m_3——空白试验中,恒重后脂肪收集瓶和抽提物的质量,g;

m_4——空白试验中脂肪收集瓶的质量,g;

m——样品的质量,g。

结果保留 3 位有效数字。

当样品中脂肪含量≥15%时,两次独立测定结果之差≤0.3 g/100 g;

当样品中脂肪含量在 5%～15%时,两次独立测定结果之差≤0.2 g/100 g;

当样品中脂肪含量≤5%时,两次独立测定结果之差≤0.1 g/100 g。

练一练

如何测定饼干中脂肪的含量?

1.通过查阅哪些食品安全国家标准来制订检验方案?

2.需要准备什么仪器？

序号	名称	型号规格	个数
1	分析天平		
2	索氏提取器		
3	⋮		
4			
5			
6			
7			
8			
9			
10			

3.需要准备什么药品？

序号	药品名称	纯度	克数/g
1	石油醚（沸程： ）	分析纯（AR）	
2	⋮		
3			
4			

4.操作步骤：

（1）

（2）

（3）

5.数据记录及处理：

序号	名称	检测数据1	检测数据2	检测数据3	平均值
1	样品的质量 m_2/g				
2	恒重后接收瓶和脂肪的含量 m_1/g				
3	接收瓶的质量 m_0/mL				
4	计算公式				

6.计算结果及结论：

7.操作过程中需要注意什么？
(1)

(2)

(3)

(4)

提示：如抽提的操作要点，怎样才算抽提结束……

项目 3-7　食品中还原糖的测定

想一想

1. 为什么说还原糖的测定是糖类的定量基础？
2. 为什么直接滴定法测定还原糖的实验必须在沸腾条件下进行？

读一读

一、概述

　　食品中的碳水化合物又称为糖类，是人体内主要的能量来源。人类膳食中的糖类主要来自于植物性食品中的葡萄糖、果糖、麦芽糖、蔗糖、淀粉、纤维素、乳糖和果胶质等物质，即谷实类（如大米、大麦、玉米、高粱）和水果、蔬菜等。葡萄糖等单糖、蔗糖等低聚糖、糊精、淀粉和糖原等能被人体消化和吸收，提供热能。果胶、纤维素、半纤维素等膳食纤维虽不能被人体消化吸收，但能促进肠道蠕动，改善消化系统机能，对维持人体健康具有重要作用。

　　碳水化合物在动植物界分布很广，在各种食品原料和各种食品中存在的种类和形式也各不相同。鲜果中以葡萄糖和果糖为主，一般葡萄糖含量为 $0.965\% \sim 82\%$，果糖含量为 $0.85\% \sim 6.53\%$；无子葡萄干中果糖和葡萄糖含量达 70% 左右；绵白糖中蔗糖含量为 99.5%；蜂蜜中葡萄糖和果糖占 75% 左右；牛乳中乳糖含量为 4.7% 左右。一般来说，淀粉存在于谷类中，纤维素集中于谷类的糠麸和果蔬的表皮中，果胶存在于各种植物果实中。

二、碳水化合物的分类

　　碳水化合物按分子大小和水解程度一般分为单糖、低聚糖和多糖。单糖类不经消化液的作用就可被人体直接吸收，如葡萄糖、果糖、半乳糖。低聚糖类受消化酶及胃酸的影响，分解为单糖后方能被人体吸收。低聚糖类常见的有蔗糖、麦芽糖、乳糖等。其中，蔗糖在甘蔗和甜菜中含量较多,加工后可制成白糖、红糖、砂糖;麦芽糖存在于发芽的种子中;乳糖则存在于动物与人的乳汁中。多糖类包括淀粉、糊精、糖原和纤维素等。淀粉存在于谷类中,马铃薯、山药、胡萝卜中含量也较多。淀粉在加热后,受消化酶的作用,最后变为麦芽糖、葡萄糖,被人体吸收。

此外,碳水化合物还可以按其还原托伦试剂和斐林试剂等强氧化试剂的能力分为还原糖和非还原糖。分子中含有游离醛基、游离酮基和半缩醛羟基的碳水化合物具有还原性,都是还原糖。通常,单糖都是还原糖,多糖都是非还原糖。

▶ 三、糖类的提取与澄清

(一) 糖类的提取

可溶性的游离单糖和低聚糖总称为糖类,如葡萄糖、蔗糖、麦芽糖、乳糖。提取糖类时,一般将样品磨碎浸渍成溶液,用石油醚提取,除去其中的脂类和叶绿素。常用的糖类提取剂有水和乙醇的水溶液。

1. 水

糖类可用水作为提取剂,提取温度为40~50℃。当温度高时,水将提出相当量的可溶性淀粉和糊精。水提取液中,除了糖类以外,还有蛋白质、氨基酸、多糖及色素等干扰物质,所以还需要进行提取液的澄清。通常糖类及其制品、水果及其制品多用水作提取剂。

2. 乙醇的水溶液

糖类在乙醇浓度70%~75%(V/V)中具有一定溶解度,而淀粉、糊精则形成沉淀,故对于含大量淀粉、糊精的样品宜用乙醇的水溶液提取。若样品含水量较高,则混合后的乙醇最终浓度应控制在70%~75%。

(二) 提取液的澄清

样品经水或乙醇提取后,提取液中除含可溶糖外,还含有一些干扰物质,如单宁、色素、蛋白质、有机酸、氨基酸等,这些物质的存在使提取液带有色泽或呈现浑浊,从而影响滴定终点。因此提取液均需要进行澄清处理,即加入澄清剂,使干扰物质沉淀而分离。

作为糖类提取液的澄清剂必须能够完全地除去干扰物质,且不吸附糖类,也不改变糖类的理化性质;同时,残留在提取液中的澄清剂应不干扰分析测定或很容易除去。常用的澄清剂有以下几种。

1. 中性醋酸铅

中性醋酸铅能除去蛋白质、单宁、有机酸、果胶,还能凝聚其他胶体,作用可靠,不会使还原糖从溶液中沉淀出来,在室温下也不会形成可溶性糖;但其脱色力差,故不能用于深色糖液的澄清。中性醋酸铅适用于植物性样品、浅色糖及糖浆制品、果蔬制品、焙烤制品等。

2. 碱性醋酸铅

碱性醋酸铅能除去蛋白质、色素、有机酸,还能凝聚胶体;但它可形成较大的沉淀,可带走还原糖,特别是果糖,且过量的碱性醋酸铅可因其碱度及铅糖的形成而改变糖类的旋光度。碱性醋酸铅可用于深色的蔗糖溶液的澄清。

3.醋酸锌溶液和亚铁氰化钾溶液

醋酸锌溶液和亚铁氰化钾溶液的澄清效果良好,其生成的氰亚铁酸锌沉淀可带走蛋白质,发生共同沉淀作用。醋酸锌溶液和亚铁氰化钾溶液适用于色泽较浅、富含蛋白质的提取液（如乳制品）的澄清。

4.硫酸铜溶液和氢氧化钠溶液

硫酸铜溶液和氢氧化钠溶液合并使用生成氢氧化铜,可沉淀蛋白质。此混合溶液可作为牛乳样品的澄清剂。

5.氢氧化铝

氢氧化铝能凝聚胶体,但对非胶态物质澄清效果不好,可用作较浅色溶液的澄清剂,或作为附加澄清剂。

6.活性炭

活性炭能除去植物性样品的色素,但在脱色的过程中,伴随的蔗糖损失较大。

澄清剂的种类很多,性能也各不相同,应根据提取液的性质、干扰物质的种类、含量以及所采用的糖的测定方法,加以适当的选择。

在实际工作中应避免使用过多的澄清剂,因为过量的试剂会使分析结果出现失真的现象。例如,使用铅盐作为澄清剂时,如果用量过大,则当样品溶液在测定过程进行加热时,铅可与糖反应生成铅糖产生误差,此时可加入除铅剂如草酸钾、草酸钠、硫酸等。

▶ 四、食品中还原糖的测定

参照《食品安全标准 食品中还原糖的测定》(GB 5009.7—2016),测定一般食品中还原糖的方法有两个:一是直接滴定法,二是高锰酸钾滴定法。

(一)直接滴定法

1.原理

试样经除去蛋白质后,以亚甲蓝作指示剂,在加热条件下滴定标定过的碱性酒石酸铜溶液(已用还原糖标准溶液标定),根据样品液消耗体积计算还原糖含量。

2.试剂和材料

(1)盐酸溶液(1+1,体积比):量取盐酸 50 mL,加水 50 mL 混匀。

(2)氢氧化钠溶液(40 g/L):称取氢氧化钠 4 g,加水溶解后,放冷,并定容至 100 mL。

(3)碱性酒石酸铜甲液:称取 15 g 硫酸铜($CuSO_4 \cdot 5H_2O$)及 0.05 g 次甲基蓝,溶于水中并稀释至 1 000 mL。

(4)碱性酒石酸铜乙液:称取 50 g 酒石酸钾钠、75 g 氢氧化钠,溶于水中,再加入 4 g 亚铁氰化钾,完全溶解后,用水稀释至 1 000 mL,贮存于橡胶塞玻璃瓶中。

（5）乙酸锌溶液：称取 21.9 g 乙酸锌，加 3 mL 冰乙酸，加水溶解并稀释至 100 mL。

（6）亚铁氰化钾溶液：称取 10.6 g 亚铁氰化钾，加水溶解并稀释至 100 mL。

（7）葡萄糖标准溶液（1.0 mg/mL）：准确称取 1.000 0 g 于 98～100℃下干燥 2 h 的纯葡萄糖，加水溶解后加入 5 mL 盐酸，并以水稀释至 1 000 mL。此溶液每毫升相当于 1.0 mg 葡萄糖。

（8）果糖标准溶液（1.0 mg/mL）：准确称取经过 98～100℃干燥 2 h 的果糖 1 g，加水溶解后加入盐酸溶液 5 mL，并用水定容至 1 000 mL。此溶液每毫升相当于 1.0 mg 果糖。

（9）乳糖标准溶液（1.0 mg/mL）：准确称取经过 94～98℃干燥 2 h 的乳糖（含水）1 g，加水溶解后加入盐酸溶液 5 mL，并用水定容至 1 000 mL。此溶液每毫升相当于 1.0 mg 乳糖（含水）。

（10）转化糖标准溶液（1.0 mg/mL）：准确称取 1.052 6 g 蔗糖，用 100 mL 水溶解，置具塞锥形瓶中，加盐酸溶液 5 mL，在 68～70℃ 水浴中加热 15 min，放置至室温，转移至 1 000 mL 容量瓶中并加水定容至 1 000 mL。此溶液每毫升相当于 1.0 mg 转化糖。

3. 仪器和设备

（1）天平：感量为 0.1 mg。

（2）水浴锅。

（3）可调温电炉。

（4）酸式滴定管：25 mL。

4. 分析步骤

（1）样品处理。

①含淀粉的食品：称取粉碎或混匀后的试样 10～20 g（精确至 0.001 g），置于 250 mL 容量瓶中，加水 200 mL，在 45℃ 水浴中加热 1 h，并时时振摇，冷却后加水至刻度，混匀，静置，沉淀。吸取 200.0 mL 上清液置于另一 250 mL 容量瓶中，缓慢加入乙酸锌溶液 5 mL 和亚铁氰化钾溶液 5 mL，加水至刻度，混匀，静置 30 min；用干燥滤纸过滤，弃去初滤液，取后续滤液备用。

②酒精饮料：称取混匀后的试样 100 g（精确至 0.01 g），置于蒸发皿中，用氢氧化钠溶液中和至中性，在水浴上蒸发至原体积的 1/4 后，移入 250 mL 容量瓶中；缓慢加入乙酸锌溶液 5 mL 和亚铁氰化钾溶液 5 mL，加水至刻度，混匀，静置 30 min；用干燥滤纸过滤，弃去初滤液，取后续滤液备用。

③碳酸饮料：称取混匀后的试样 100 g（精确至 0.01 g），置于蒸发皿中，在水浴上微热搅拌除去二氧化碳后，移入 250 mL 容量瓶中，用水洗涤蒸发皿，洗液并入容量瓶，加水至刻度，混匀后备用。

④其他食品：称取粉碎后的固体试样 2.5～5 g（精确至 0.001 g）或混匀后的液体试样 5～25 g（精确至 0.001 g），置于 250 mL 容量瓶中，加 50 mL 水，缓慢加入乙酸锌溶液 5 mL 和亚铁氰化钾溶液 5 mL，加水至刻度，混匀，静置 30 min；用干燥滤纸过滤，弃去初滤液，取后续滤液备用。

（2）标定碱性酒石酸铜溶液。

吸取碱性酒石酸铜甲液 5.0 mL 和碱性酒石酸铜乙液 5.0 mL,置于 150 mL 锥形瓶中,加水 10 mL,加入玻璃珠 2～4 粒;从滴定管中加葡萄糖(或其他还原糖)标准溶液约 9 mL,控制在 2 min 中内加热至沸,趁热以每 2 s 1 滴的速度继续滴加葡萄糖(或其他还原糖)标准溶液,直至溶液蓝色刚好褪去为终点,记录消耗葡萄糖(或其他还原糖)标准溶液的总体积。同时平行操作 3 份,取其平均值,计算每 10 mL(碱性酒石酸铜甲、乙液各 5 mL)碱性酒石酸铜溶液相当于葡萄糖(或其他还原糖)的质量(mg)。

注:也可以按上述方法标定 4～20 mL 碱性酒石酸铜溶液(甲、乙液各半)来适应试样中还原糖的浓度变化。

(3)试样溶液预测。

吸取碱性酒石酸铜甲液 5.0 mL 和碱性酒石酸铜乙液 5.0 mL 于 150 mL 锥形瓶中,加水 10 mL,加入玻璃珠 2～4 粒,控制在 2 min 内加热至沸,保持沸腾以先快后慢的速度,从滴定管中滴加试样溶液,并保持沸腾状态,待溶液颜色变浅时,以 1 滴/2 s 的速度滴定,直至溶液蓝色刚好褪去为终点,记录样品溶液消耗体积。

注:当样液中还原糖浓度过高时应适当稀释后再进行测定,以使每次滴定消耗样液的体积控制在与标定碱性酒石酸铜溶液时所消耗的还原糖标准溶液的体积相近,在 10 mL 左右。记录消耗样液的总体积,作为正式滴定参考用。

(4)试样溶液测定。

吸取碱性酒石酸铜甲液 5.0 mL 和碱性酒石酸铜乙液 5.0 mL,置于 150 mL 锥形瓶中,加水 10 mL,加入玻璃珠 2～4 粒;从滴定管滴加比预测体积少 1 mL 的试样溶液至锥形瓶中,控制在 2min 内加热至沸,保持沸腾继续以 1 滴/2 s 的速度滴定,直至蓝色刚好褪去为终点;记录样液消耗体积。同法平行操作 3 份,得出平均消耗体积(V)。

5.计算

$$m_1 = c \times V_1$$

$$X = \frac{m_1}{m \times F \times \dfrac{V}{250} \times 1\,000} \times 100$$

式中: X——试样中还原糖的含量(以某种还原糖计),g/100 g;

m_1——碱性酒石酸铜溶液(甲、乙液各半)相当于某种还原糖的质量,mg;

c——葡萄糖标准溶液的浓度,mg/mL;

V_1——滴定 10 mL 碱性酒石酸铜溶液(甲、乙液各半)所消耗葡萄糖标准溶液的体积,mL;

m——试样质量,g;

F——系数,对酒精饮料为 0.8,其余为 1;

V——测定时平均消耗试样溶液体积,mL;

250——定容体积,mL;

1 000——换算系数。

还原糖含量 ≥10 g/100 g 时,计算结果保留 3 位有效数字;还原糖含量 <10 g/100 g 时,计算结果保留两位有效数字。

在重复性条件下获得的两次独立测定结果的绝对差值不得超过算术平均值的5%。

6.说明

(1)本法又称快速法,特点是试剂用量少,操作简便,滴定终点明显;适用于各类食品中还原糖的测定。但本法对有色素的样品有一定误差,因为色素往往影响滴定终点的辨认。

(2)滴定必须在沸腾的条件下进行,以加快还原糖与Cu^{2+}的反应速度;同时应防止空气进入,以避免次甲基蓝和氧化亚铜被氧化而增加耗糖量。

(3)本法测定时使用的碱性酒石酸铜氧化能力强,检测结果反映了总的还原糖的量。

(4)碱性酒石酸铜甲液和乙液应分别贮存,用时才能混合,否则酒石酸钾钠铜络合物长期在碱性条件下会慢慢分解析出氧化亚铜沉淀,从而使试剂有效浓度降低。

(二)高锰酸钾滴定法

1.原理

试样经除去蛋白质后,其中还原糖把铜盐还原为氧化亚铜,加硫酸铁后,氧化亚铜被氧化为铜盐,经高锰酸钾溶液滴定氧化作用后生成的亚铁盐,根据高锰酸钾消耗量,计算氧化亚铜含量,再查表得还原糖量。

2.试剂和材料

除非另有说明,本方法所用试剂均为分析纯,水为GB/T 6682—2008规定的三级水。

(1)盐酸溶液(3 mol/L):量取盐酸30 mL,加水稀释至120 mL。

(2)碱性酒石酸铜甲液:称取硫酸铜34.639 g,加适量水溶解,加硫酸0.5 mL,再加水稀释至500 mL,用精制石棉过滤。

(3)碱性酒石酸铜乙液:称取酒石酸钾钠173 g与氢氧化钠50 g,加适量水溶解,并稀释至500 mL,用精制石棉过滤,贮存于橡胶塞玻璃瓶内。

(4)氢氧化钠溶液(40 g/L):称取氢氧化钠4 g,加水溶解并稀释至100 mL。

(5)硫酸铁溶液(50 g/L):称取硫酸铁50 g,加水200 mL溶解后,慢慢加入硫酸100 mL,冷后加水稀释至1 000 mL。

(6)精制石棉:取石棉先用盐酸溶液浸泡2～3天,用水洗净;再加氢氧化钠溶液浸泡2～3天,倾去溶液;再用热碱性酒石酸铜乙液浸泡数小时,用水洗净。再以盐酸溶液浸泡数小时,以水洗至不呈酸性。然后加水振摇,使之成细微的浆状软纤维,用水浸泡并贮存于玻璃瓶中,即可作填充古氏坩埚用。

(7)高锰酸钾($KMnO_4$):优级纯或以上等级。

(8)高锰酸钾标准滴定溶液[$c(1/5KMnO_4)=0.100\ 0$ mol/L]:按项目3-1-1"分析用试剂溶液的制备"(参照GB/T 601—2016)中"高锰酸钾标准滴定溶液"的方法配制与标定。

3.仪器和设备

(1)天平:感量为0.1 mg。

(2)水浴锅。

(3)可调温电炉。

(4)酸式滴定管:25 mL。

(5)25 mL 古氏坩埚或 G4 垂融坩埚。

(6)真空泵。

4.分析步骤

(1)样品处理。

①含淀粉的食品:称取粉碎或混匀后的试样 10～20 g(精确至 0.001 g),置于 250 mL 容量瓶中,加水 200 mL,在 45℃水浴中加热 1 h,并时时振摇。冷却后加水至刻度,混匀,静置、沉淀。吸取 200.0 mL 上清液置于另一 250 mL 容量瓶中,加碱性酒石酸铜甲液 10 mL 及氢氧化钠溶液 4 mL,加水至刻度,混匀。静置 30 min,用干燥滤纸过滤,弃去初滤液,取后续滤液备用。

②酒精饮料:称取 100 g(精确至 0.01 g)混匀后的试样,置于蒸发皿中,用氢氧化钠溶液中和至中性,在水浴上蒸发至原体积的 1/4 后,移入 250 mL 容量瓶中。加水 50 mL,混匀。加碱性酒石酸铜甲液 10 mL 及氢氧化钠溶液 4 mL,加水至刻度,混匀。静置 30 min,用干燥滤纸过滤,弃去初滤液,取后续滤液备用。

③碳酸饮料:称取 100 g(精确至 0.001 g)混匀后的试样,试样置于蒸发皿中,在水浴上除去二氧化碳后,移入 250 mL 容量瓶中,并用水洗涤蒸发皿,洗液并入容量瓶中,再加水至刻度,混匀后,备用。

④其他食品:称取粉碎后的固体试样 2.5～5.0 g(精确至 0.001 g)或混匀后的液体试样 25～50 g(精确至 0.001 g),置于 250 mL 容量瓶中,加水 50 mL,摇匀后加碱性酒石酸铜甲液 10 mL 及氢氧化钠溶液 4 mL,加水至刻度,混匀。静置 30 min,用干燥滤纸过滤,弃去初滤液,取后续滤液备用。

(2)试样溶液的测定。

吸取处理后的试样溶液 50.0 mL,于 500 mL 烧杯内,加入碱性酒石酸铜甲液 25 mL 及碱性酒石酸铜乙液 25 mL,于烧杯上盖一表面皿,加热,控制在 4 min 内沸腾,再精确煮沸 2 min,趁热用铺好精制石棉的古氏坩埚(或 G4 垂融坩埚)抽滤,并用 60℃ 热水洗涤烧杯及沉淀,至洗液不呈碱性为止。将古氏坩埚(或 G4 垂融坩埚)放回原 500 mL 烧杯中,加硫酸铁溶液 25 mL、水 25 mL,用玻棒搅拌使氧化亚铜完全溶解,以高锰酸钾标准溶液滴定至微红色为终点。

同时吸取水 50 mL,加入与测定试样时相同量的碱性酒石酸铜甲液、乙液、硫酸铁溶液及水,按同一方法做空白试验。

5.计算

试样中还原糖质量相当于氧化亚铜的质量,按下式计算:

$$X_0 = (V - V_0) \times c \times 71.54$$

式中:X_0——试样中还原糖质量相当于氧化亚铜的质量,mg;

$\quad V$——测定用试样液消耗高锰酸钾标准溶液的体积,mL;

$\quad V_0$——试剂空白消耗高锰酸钾标准溶液的体积,mL;

$\quad c$——高锰酸钾标准溶液的实际浓度,mol/L;

71.54——1 mL 高锰酸钾标准溶液 $[c(1/5)KMnO_4]=1.000\ mol/L$ 相当于氧化亚铜的质量,mg。

根据式中计算所得氧化亚铜质量,查表 3-7-1"相当于氧化亚铜质量的葡萄糖、果糖、乳糖、转化糖质量表",再计算试样中还原糖含量,按下式计算:

$$X=\frac{m_3}{m_4\times\dfrac{V}{250}\times 1\,000}\times 100\%$$

式中:X——试样中还原糖的含量,g/100 g;

m_3——X_0查表 3-7-1 得还原糖质量,mg;

m_4——试样质量或体积,g 或 mL;

V ——测定用试样溶液的体积,mL;

250——试样处理后的总体积,mL。

还原糖含量≥10 g/100 g 时,计算结果保留 3 位有效数字;还原糖含量<10 g/100 g 时,计算结果保留两位有效数字。

在重复性条件下获得的两次独立测定结果的绝对差值不得超过算术平均值的 10%。

6.说明

本法适用于各类食品中还原糖的测定,有色样液也不受限制,且准确度高,重复性好,故优于直接滴定法。但本法操作复杂、费时,需特制的高锰酸钾糖类检索表。本法是还原糖常量测定的主要方法。

表 3-7-1 相当于氧化亚铜质量的葡萄糖、果糖、乳糖、转化糖质量表　　　　mg

氧化亚铜	葡萄糖	果糖	乳糖(含水)	转化糖	氧化亚铜	葡萄糖	果糖	乳糖(含水)	转化糖
11.3	4.6	5.1	7.7	5.2	40.5	17.2	19.0	27.6	18.3
12.4	5.1	5.6	8.5	5.7	41.7	17.7	19.5	28.4	18.9
13.5	5.6	6.1	9.3	6.2	42.8	18.2	20.1	29.1	19.4
14.6	6.0	6.7	10.0	6.7	43.9	18.7	20.6	29.9	19.9
15.8	6.5	7.2	10.8	7.2	45.0	19.2	21.1	30.6	20.4
16.9	7.0	7.7	11.5	7.7	46.2	19.7	21.7	31.4	20.9
18.0	7.5	8.3	12.3	8.2	47.3	20.1	22.2	32.2	21.4
19.1	8.0	8.8	13.1	8.7	48.4	20.6	22.8	32.9	21.9
20.3	8.5	9.3	13.8	9.2	49.5	21.1	23.3	33.7	22.4
21.4	8.9	9.9	14.6	9.7	50.7	21.6	23.8	34.5	22.4
22.5	9.4	10.4	15.4	10.2	51.8	22.1	24.4	35.2	23.5
23.6	9.9	10.9	16.1	10.7	52.9	22.6	24.9	36.0	24.0
24.8	10.4	11.5	16.9	11.2	54.0	23.1	25.4	36.8	24.5

续表 3-7-1

氧化亚铜	葡萄糖	果糖	乳糖（含水）	转化糖	氧化亚铜	葡萄糖	果糖	乳糖（含水）	转化糖
25.9	10.9	12.0	17.7	11.7	55.2	23.6	26.0	37.5	25.0
27.0	11.4	12.5	18.4	12.3	56.3	24.1	26.5	38.3	25.5
28.1	11.9	13.1	19.2	12.8	57.4	24.6	27.1	39.1	26.0
29.3	12.3	13.6	19.9	13.3	58.5	25.1	27.6	39.8	26.5
30.4	12.8	14.2	20.7	13.8	59.7	25.6	28.2	40.6	27.0
31.5	13.3	14.7	21.5	14.3	60.8	26.1	28.7	41.4	27.6
32.6	13.8	15.2	22.2	14.8	61.9	26.5	29.2	42.1	28.1
33.8	14.3	15.8	23.0	15.3	63.0	27.0	29.8	42.9	28.6
34.9	14.8	16.3	23.8	15.8	64.2	27.5	30.3	43.7	29.1
36.0	15.3	16.8	24.5	16.3	65.3	28.0	30.9	44.4	29.6
37.2	15.7	17.4	25.3	16.8	66.4	28.5	31.4	45.2	30.1
38.3	16.2	17.9	26.1	17.3	67.6	29.0	31.9	46.0	30.6
39.4	16.7	18.4	26.8	17.8	68.7	29.5	32.5	46.7	31.2
69.8	30.0	33.0	47.5	31.7	107.0	46.5	51.1	72.8	48.8
70.9	30.5	33.6	48.3	32.2	108.1	47.0	51.6	73.6	49.4
72.1	31.0	34.1	49.0	32.7	109.2	47.5	52.2	74.4	49.9
73.2	31.5	34.7	49.8	33.2	110.3	48.0	52.7	75.1	50.4
74.3	32.0	35.2	50.6	33.7	111.5	48.5	53.3	75.9	50.9
75.4	32.5	35.8	51.3	34.3	112.6	49.0	53.8	76.7	51.5
76.6	33.0	36.3	52.1	34.8	113.7	49.5	54.4	77.4	52.0
77.7	33.5	36.8	52.9	35.3	114.8	50.0	54.9	78.2	52.5
78.8	34.0	37.4	53.6	35.8	116.0	50.6	55.5	79.0	53.0
79.9	34.5	37.9	54.4	36.3	117.1	51.1	56.0	79.7	53.6
81.1	35.0	38.5	55.2	36.8	118.2	51.6	56.6	80.5	54.1
82.2	35.5	39.0	55.9	37.4	119.3	52.1	57.1	81.3	54.6
83.3	36.0	39.6	56.7	37.9	120.5	52.6	57.7	82.1	55.2
84.4	36.5	40.1	57.5	38.4	121.6	53.1	58.2	82.8	55.7
85.6	37.0	40.7	58.2	38.9	122.7	53.6	58.8	83.6	56.2
86.7	37.5	41.2	59.0	39.4	123.8	54.1	59.3	84.4	56.7
87.8	38.0	41.7	59.8	40.0	125.0	54.6	59.9	85.1	57.3
88.9	38.5	42.3	60.5	40.5	126.1	55.1	60.4	85.9	57.8
90.1	39.0	42.8	61.3	41.0	127.2	55.6	61.0	86.7	58.3
91.2	39.5	43.4	62.1	41.5	128.3	56.1	61.6	87.4	58.9
92.3	40.0	43.9	62.8	42.0	129.5	56.7	62.1	88.2	59.4
93.4	40.5	44.5	63.6	42.6	130.6	57.2	62.7	89.0	59.9

模块 3　食品一般成分检验

165

氧化亚铜	葡萄糖	果糖	乳糖 （含水）	转化糖	氧化亚铜	葡萄糖	果糖	乳糖 （含水）	转化糖
94.6	41.0	45.0	64.4	43.1	131.7	57.7	63.2	89.8	60.4
95.7	41.5	45.6	65.1	43.6	132.8	58.2	63.8	90.5	61.0
96.8	42.0	46.1	65.9	44.1	134.0	58.7	64.3	91.3	61.5
97.9	42.5	46.7	66.7	44.7	135.1	59.2	64.9	92.1	62.0
99.1	43.0	47.2	67.4	45.2	136.2	59.7	65.4	92.8	62.6
100.2	43.5	47.8	68.2	45.7	137.4	60.2	66.0	93.6	63.1
101.3	44.0	48.3	69.0	46.2	138.5	60.7	66.5	94.4	63.6
102.5	44.5	48.9	69.7	46.7	139.6	61.3	67.1	95.2	64.2
103.6	45.0	49.4	70.5	47.3	140.7	61.8	67.7	95.9	64.7
104.7	45.5	50.0	71.3	47.8	141.9	62.3	68.2	96.7	65.2
105.8	46.0	50.5	72.1	48.3	143.0	62.8	68.8	97.5	65.8

 练一练

如何利用直接滴定法测定乳制品中的还原糖含量？

1. 样品前处理应选择什么澄清剂来去除干扰成分？

2. 需要准备什么仪器？

序号	名称	型号规格	个数
1	分析天平		
2	电炉		
3	⋮		
4			
5			
6			
7			
8			
9			
10			

3.需要准备什么药品？

序号	药品名称	纯度	克数/g
1	硫酸铜	分析纯(AR)	
2	⋮		
3			
4			

4.操作步骤：

(1)

(2)

(3)

5.数据记录及处理：

序号	名称	检测数据1	检测数据2	检测数据3	平均值
1	葡萄糖标准溶液的浓度 $c/(mg/mL)$				
2	滴定 10 mL 碱性酒石酸铜溶液(甲、乙液各半)所消耗葡萄糖标准溶液的体积 $V_1/$ mL				
3	10 mL 碱性酒石酸铜溶液(甲、乙液各半)相当于某种还原糖的质量 m_1/mg				
4	样品的质量 m/g				
5	系数 F,酒精饮料为 0.8,其余为 1				
6	测定时平均消耗试样溶液体积 V/mL				
7	计算公式				

6.计算结果及结论：

7.操作过程中需要注意什么？

(1)

（2）

（3）

（4）

提示：如在电炉上滴定的操作要点，加热的时间、滴定的速度……

项目 3-8　食品中蔗糖的测定

想一想

1. 什么是总糖?
2. 蔗糖测定和还原糖测定的区别在哪里?

读一读

蔗糖是葡萄糖和果糖组成的双糖,没有还原性,不能用碱性铜盐试剂直接测定,但在一定条件下,蔗糖可水解为具有还原性的葡萄糖和果糖(转化糖)。因此,可以用测定还原糖的方法测定蔗糖含量。

蔗糖的测定方法参照《食品安全国家标准　食品中果糖、葡萄糖、蔗糖、麦芽糖、乳糖的测定》(GB 5009.8—2016)中第二法"酸水解-莱因-埃农氏法"。

对于纯度较高的蔗糖溶液,其相对密度、折光率、旋光度等物理常数与蔗糖浓度都有一定关系,故也可用物理检验法测定。

▶ 一、食品中蔗糖的测定

(一)原理

试样经除去蛋白质后,其中蔗糖经盐酸水解转化为还原糖,按还原糖测定。水解前后的差值乘以相应的系数即为蔗糖含量。蔗糖的水解反应如下:

$$C_{12}H_{22}O_{11} + H_2O \xrightarrow{HCl} C_6H_{12}O_6 + C_6H_{12}O_6$$

蔗糖　　　　　　　　　葡萄糖　　　　果糖

根据蔗糖的水解反应,蔗糖的相对分子质量为342,水解后产生2分子单糖,相对分子质量之和为360,故由转化糖的含量换算成蔗糖的含量时应乘以换算系数342/369 ＝0.95。

(二)试剂与仪器

1.试剂

(1)乙酸锌溶液:称取乙酸锌21.9 g,加冰乙酸3 mL,加水溶解并定容于100 mL。

(2)亚铁氰化钾溶液:称取亚铁氰化钾10.6 g,加水溶解并定容至100 mL。

(3)盐酸溶液(1+1):量取盐酸50 mL,缓慢加入50 mL水中,冷却后混匀。

(4)氢氧化钠(40 g/L):称取氢氧化钠4 g,加水溶解后,放冷,加水定容至100 mL。

(5)甲基红指示液(1 g/L):称取甲基红盐酸盐0.1 g,用95%乙醇溶解并定容至100 mL。

(6)氢氧化钠溶液(200 g/L):称取氢氧化钠20 g,加水溶解后,放冷,加水并定容至100 mL。

(7)碱性酒石酸铜甲液:称取硫酸铜15 g和亚甲蓝0.05 g,溶于水中,加水定容至1 000 mL。

(8)碱性酒石酸铜乙液:称取酒石酸钾钠50 g和氢氧化钠75 g,溶解于水中,再加入亚铁氰化钾4 g,完全溶解后,用水定容至1 000 mL,贮存于橡胶塞玻璃瓶中。

(9)葡萄糖标准溶液(1.0 mg/mL):称取经过98～100℃烘箱干燥2 h后的葡萄糖1 g(精确到0.001 g),加水溶解后加入盐酸5 mL,并用水定容至1 000 mL。此溶液每毫升相当于1.0 mg葡萄糖。

2.仪器和设备

(1)天平:感量为0.1 mg。

(2)水浴锅。

(3)可调温电炉。

(4)酸式滴定管:25 mL。

(三)操作方法

1.样品处理

(1)试样制备及保存。

①固体样品:取有代表性样品至少200 g,用粉碎机粉碎,混匀,装入洁净容器,密封,标明标记。

③半固体和液体样品:取有代表性样品至少200 g(mL),充分混匀,装入洁净容器,密封,标明标记。蜂蜜等易变质试样于0～4℃保存。

(2)试样处理。

①含蛋白质食品:称取粉碎或混匀后的固体试样2.5～5 g(精确到0.001 g)或液体试5～25 g(精确到0.001 g),置于250 mL容量瓶中,加水50 mL,缓慢加入乙酸锌溶液5 mL和亚铁氰化钾溶液5 mL,加水至刻度,混匀,静置30 min,用干燥滤纸过滤,弃去初滤液,取后续滤液备用。

②含大量淀粉的食品:称取粉碎或混匀后的试样10～20 g(精确到0.001 g),置于250 mL容量瓶中,加水200 mL,在45℃水浴中加热1 h,并时时振摇,冷却后加水至刻度,

食品感官与理化检验技术

混匀,静置,沉淀。吸取 200 mL 上清液于另一 250 mL 容量瓶中,缓慢加入乙酸锌溶液 5 mL 和亚铁氰化钾溶液 5 mL,加水至刻度,混匀,静置 30 min;用干燥滤纸过滤,弃去初滤液,取后续滤液备用。

③酒精饮料:称取混匀后的试样 100 g(精确到 0.01 g),置于蒸发皿中,用(40 g/L)氢氧化钠溶液中和至中性,在水浴上蒸发至原体积的 1/4 后,移入 250 mL 容量瓶中;缓慢加入乙酸锌溶液 5 mL 和亚铁氰化钾溶液 5 mL,加水至刻度,混匀,静置 30 min,用干燥滤纸过滤,弃去初滤液,取后续滤液备用。

④碳酸饮料:称取混匀后的试样 100 g(精确到 0.01 g)于蒸发皿中,在水浴上微热搅拌除去二氧化碳后,移入 250 mL 容量瓶中,用水洗蒸发皿,洗液并入容量瓶,加水至刻度,混匀后备用。

2. 酸水解

吸取 2 份试样各 50.0 mL,分别置于 100 mL 容量瓶中。

转化前:一份用水稀释至 100 mL。

转化后:另一份加(1+1)盐酸 5 mL,在 68～70℃水浴中加热 15 min,冷却后加甲基红指示液 2 滴,用 200 g/L 氢氧化钠溶液中和至中性,加水至刻度。

3. 标定碱性酒石酸铜溶液

吸取碱性酒石酸铜甲液 5.0 mL 和碱性酒石酸铜乙液 5.0 mL 于 150 mL 锥形瓶中,加水 10 mL,加入 2～4 粒玻璃珠,从滴定管中加葡萄糖标准溶液约 9 mL,控制在 2 min 中内加热至沸,趁热以每 2 s 一滴的速度滴加葡萄糖标准溶液,直至溶液颜色刚好褪去,记录消耗葡萄糖标准溶液总体积。同时平行操作 3 份,取其平均值,计算每 10 mL(碱性酒石酸铜甲、乙液各 5 mL)碱性酒石酸铜溶液相当于葡萄糖的质量(mg)。

注:也可以按上述方法标定 4～20 mL 碱性酒石酸铜溶液(甲、乙液各半)来适应试样中还原糖的浓度变化。

4. 试样溶液的测定

(1)预测滴定:吸取碱性酒石酸铜甲液 5.0 mL 和碱性酒石酸铜乙液 5.0 mL 于同一 150 mL 锥形瓶中,加入蒸馏水 10 mL,放入 2～4 粒玻璃珠,置于电炉上加热,使其在 2 min 内沸腾;保持沸腾状态 15 s,滴入样液至溶液蓝色完全褪尽为止,读取所用样液的体积。

(2)精确滴定:吸取碱性酒石酸铜甲液 5.0 mL 和碱性酒石酸铜乙液 5.0 mL 于同一 150 mL 锥形瓶中,加入蒸馏水 10 mL,放入几粒玻璃珠,从滴定管中放出的(酸水解转化前或转化后)样液的体积比预测滴定中预测的体积少 1 mL,置于电炉上,使其在 2 min 内沸腾,维持沸腾状态 2 min,以每 2 s 一滴的速度徐徐滴入样液,溶液蓝色完全褪尽即为终点,分别记录转化前样液和转化后样液消耗的体积(V)。

注:对于蔗糖含量在 0.x% 水平的样品,可以采用反滴定的方式进行测定。

(四)计算

水解前和水解后试样中还原糖的含量分别按下式计算:

$$R = \frac{A}{m \times \dfrac{50}{250} \times \dfrac{V}{100} \times 1\,000} \times 100\%$$

式中：R——试样中转化糖的质量分数，g/100 g；

A——碱性酒石酸铜溶液（甲、乙液各半）相当于葡萄糖的质量，mg；

m——样品的质量，g；

50——酸水解中吸取样液体积，mL；

250——试样处理中样品定容体积，mL；

V——滴定时平均消耗试样溶液体积，mL；

100——酸水解中定容体积，mL；

1 000——换算系数。

注：酸水解转化前样液的计算值为转化前转化糖的质量分数 R_1，酸水解转化后样液的计算值为转化后转化糖的质量分数 R_2。

蔗糖含量按下式计算：

$$X = (R_2 - R_1) \times 0.95$$

式中：X——样品中蔗糖含量，g/100 g 或 g/100 mL；

R_2——水解处理后还原糖含量，g/100 g 或 g/100 mL；

R_1——不经水解处理还原糖含量，g/100 g 或 g/100 mL；

0.95——还原糖（以葡萄糖计）换算为蔗糖的系数。

蔗糖含量≥10 g/100 g 时，计算结果保留 3 位有效数字；蔗糖含量＜10 g/100 g 时，结果保留两位有效数字。

在重复性条件下获得的两次独立测定结果的绝对差值不得超过算术平均值的 10%。

 练一练

如何利用直接滴定法测定乳制品中的还原糖含量？

1.样品前处理应选择什么澄清剂来去除干扰成分？

2.需要准备什么仪器？

序号	名称	型号规格	个数
1	分析天平		
2	电炉		
3	⋮		

序号	名称	型号规格	个数
4			
5			
6			
7			
8			
9			
10			

3. 需要准备什么药品？

序号	药品名称	纯度	克数/g
1	盐酸	分析纯（AR）	
2	⋮		
3			
4			

4. 操作步骤：

（1）

（2）

（3）

5. 数据记录及处理：

序号	名称	检测数据 1	检测数据 2	检测数据 3	平均值
1	葡萄糖标准溶液的浓度 c/（mg/mL）				
2	滴定 10 mL 碱性酒石酸铜溶液（甲、乙液各半）所消耗葡萄糖标准溶液的体积 V_1/mL				
3	10 mL 碱性酒石酸铜溶液（甲、乙液各半）相当于某种还原糖的质量 A/mg				
4	样品的质量 m/g				
5	测定时平均消耗转化前试样溶液体积 V/mL				
6	测定时平均消耗转化后试样溶液体积 V/mL				
7	计算公式				

6.计算结果及结论：

7.操作过程中需要注意什么？

(1)

(2)

(3)

(4)

提示：如盐酸水解操作……

项目 3-9　食品中蛋白质和氨基酸态氮的测定

想一想

1. 什么叫蛋白质系数?
2. 凯氏定氮法的样品处理中加入硫酸铜和硫酸钾的作用是什么?

读一读

▶ 一、概述

蛋白质是构成人体和动植物体重要的营养成分,是保证生长发育、新陈代谢和修补组织的原料。体内酸碱平衡的维持、遗传信息的传递、物质代谢及转运都与蛋白质有关。生物体内缺乏蛋白质,会导致生长缓慢或停滞,甚至不能维持生命活动。

蛋白质是食品中重要的营养指标,各种食品的蛋白质含量也各不相同。例如,牛肉中蛋白质含量为 20.1%,猪肉 9.5%,兔肉 21.2%,鸡肉 21.5%,牛乳 3.3%,黄鱼 17.0%,带鱼 18.1%,大豆 36.3%,稻米 8.3%,小麦粉(标准)9.9%,菠菜 2.4%,黄瓜、桃 0.8%,柑橘 0.9%,苹果 0.4%。人和动物从食品中摄取蛋白质,以构成自身身体的蛋白质。测定食品中蛋白质含量,有助于了解营养状况,及时补充蛋白质,以满足营养需要。因此,食品中蛋白质含量的测定对于评价食品的营养价值,合理开发利用食品资源,提高产品质量,优化食品配方,指导经济核算及生产过程控制等,都具有极其重要的意义。

蛋白质是复杂的含氮有机化合物,测定蛋白质最常用的方法是凯氏定氮法。它是测定总氮最准确和最简便的方法之一。将测定的食品总氮量乘以蛋白质的换算系数,即得到蛋白质总量。由于此法测得的蛋白质含量除纯蛋白质外,还有其他含氮物质,故称之为粗蛋白质。此外,双缩脲分光光度比色法、染料结合分光光度比色法、酚试剂法等也常用于蛋白质含量测定。近年来,国外采用红外检测仪,利用一定的波长范围内的近红外线具有被食品中蛋白质组分吸收和反射的特性,建立了近红外光谱快速定量法。本项目参照《食品安全国家

标准　食品中蛋白质的测定》(GB 5009.5—2016),对凯氏定氮法和分光光度法两种蛋白质的测定方法加以介绍。此外,本项目另介绍双缩脲法(非国标法),可为粗略估计蛋白质含量提供较为简单的的测定方法。

参照《食品安全国家标准　食品中氨基酸态氮的测定》(GB 5009.235—2016),本项目介绍酸度计法和比色法两种测定氨基酸态氮的方法;此外,介绍双指示剂甲醛滴定法(非国标法),可用于浅色样品中氨基态氮的测定。

▶ 二、食品中蛋白质的测定

(一)凯氏定氮法

1. 原理

食品中的蛋白质在催化加热条件下被分解,产生的氨与硫酸结合生成硫酸铵;碱化蒸馏使氨游离,用硼酸吸收后以硫酸或盐酸标准滴定溶液滴定,根据酸的消耗量计算氮含量;再乘以换算系数,即为蛋白质的含量。

2. 试剂

除非另有说明,本方法所用试剂均为分析纯,水为 GB/T 6682—2008 中规定的三级水。

(1)硫酸铜($CuSO_4 \cdot 5H_2O$)。

(2)硫酸钾(K_2SO_4)。

(3)95%乙醇(C_2H_5OH)。

(4)硼酸溶液(20 g/L):称取 20 g 硼酸,加水溶解后并稀释至 1 000 mL。

(5)氢氧化钠溶液(400 g/L):称取 40 g 氢氧化钠加水溶解后,放冷,并稀释至 100 mL。

(6)硫酸标准滴定溶液[$c(1/2H_2SO_4)=0.050\ 0\ mol/L$]或盐酸标准滴定溶液[$c(HCl)=0.050\ 0\ mol/L$]。

(7)甲基红乙醇溶液(1 g/L):称取 0.1 g 甲基红,溶于 95%乙醇,并用 95%乙醇稀释至 100 mL。

(8)亚甲基蓝乙醇溶液(1 g/L):称取 0.1 g 亚甲基蓝,溶于 95%乙醇,并用 95%乙醇稀释至 100 mL。

(9)溴甲酚绿乙醇溶液(1 g/L):称取 0.1 g 溴甲酚绿,溶于 95%乙醇,并用 95%乙醇稀释至 100 mL。

(10)混合指示液:2 份甲基红乙醇溶液与 1 份亚甲基蓝乙醇溶液临用时混合。

(11)混合指示液:1 份甲基红乙醇溶液与 5 份溴甲酚绿乙醇溶液临用时混合。

3. 仪器

(1)天平:感量为 1 mg。

(2)定氮蒸馏装置:如图 3-9-1 所示。

(3)自动凯氏定氮仪。

4. 分析步骤

(1)凯氏定氮法。

①试样处理:称取充分混匀的固体试样 0.2～2 g、半固体试样 2～5 g 或液体试样 10～25 g(相当于 30～40 mg 氮),精确至 0.001 g,移入干燥的 100 mL、250 mL 或 500 mL 定氮瓶中,加入 0.4 g 硫酸铜、6 g 硫酸钾及 20 mL 硫酸,轻摇后于瓶口放一小漏斗,将瓶以 45°角斜支于有小孔的石棉网上。小心加热,待内容物全部碳化、泡沫完全停止后,加强火力,并保持瓶内液体微沸,至液体呈蓝绿色并澄清透明后,再继续加热 0.5～1 h。取下放冷,小心加入 20 mL 水,放冷后,移入 100 mL 容量瓶中,并用少量水洗定氮瓶,洗液并入容量瓶中,再加水至刻度,混匀备用。同时做试剂空白试验。

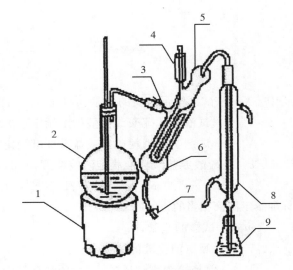

图 3-9-1　凯氏定氮蒸馏装置
1.电炉　2.水蒸气发生器(2 L 烧瓶)　3.螺旋桨
4.小玻杯及棒状玻塞　5.反应室
6.反应意外层　7.橡皮管及螺旋夹
8.冷凝管　9.蒸馏液接收瓶

②测定:如图 3-9-1 所示装好定氮蒸馏装置,向水蒸气发生器内装水至 2/3 处,加入数粒玻璃珠,加甲基红乙醇溶液数滴及数毫升硫酸,以保持水呈酸性,加热煮沸水蒸气发生器内的水并保持沸腾。

③向接收瓶内加入 10.0 mL 硼酸溶液及 1～2 滴 A 混合指示剂或 B 混合指示剂,并使冷凝管的下端插入液面下。根据试样中氮含量,准确吸取 2.0～10.0 mL 试样处理液,由小玻杯注入反应室,以 10 mL 水洗涤小玻杯并使之流入反应室内,随后塞紧棒状玻塞。将 10.0 mL 氢氧化钠溶液倒入小玻杯,提起玻塞使其缓缓流入反应室,立即将玻塞盖紧,并水封。夹紧螺旋夹,开始蒸馏。蒸馏 10 min 后移动蒸馏液接收瓶,液面离开冷凝管下端,再蒸馏 1 min。然后用少量水冲洗冷凝管下端外部,取下蒸馏液接收瓶。尽快以硫酸或盐酸标准滴定溶液滴定至终点。如用 A 混合指示液,终点颜色为灰蓝色;如用 B 混合指示液,终点颜色为浅灰红色。同时做试剂空白。

(2)自动凯氏定氮仪法。

称取充分混匀的固体试样 0.2～2 g、半固体试样 2～5 g 或液体试样 10～25 g(相当于 30～40 mg 氮),精确至 0.001 g,移至消化管中,再加入 0.4 g 硫酸铜、6 g 硫酸钾及 20 mL 硫酸于消化炉进行消化。当消化炉温度达到 420℃之后,继续消化 1 h,此时消化管中的液体呈绿色透明状。取出,冷却后加入 50 mL 水,于自动凯氏定氮仪(使用前加入氢氧化钠溶液、盐酸或硫酸标准溶液以及含有混合指示剂 A 或 B 的硼酸溶液)上实现自动加液、蒸馏、滴定和记录滴定数据的过程。

5. 计算

$$X = \frac{(V_1 - V_2) \times c \times 0.014\,0}{m \times \dfrac{V_3}{100}} \times F \times 100$$

式中：X——试样中蛋白质的含量，g/100 g；

V_1——试液消耗硫酸或盐酸标准滴定液的体积，mL；

V_2——试剂空白消耗硫酸或盐酸标准滴定液的体积，mL；

c——硫酸或盐酸标准滴定溶液浓度，mol/L；

0.014 0——1.0 mL 硫酸$[c\,(1/2H_2SO_4) = 1.000\ \text{mol/L}]$或盐酸$[c\,(HCl) = 1.000\ \text{mol/L}]$标准滴定溶液相当的氮的质量，g；

m——试样的质量，g；

V_3——吸取消化液的体积，mL；

F——氮换算为蛋白质的系数，各种食品中氮转换系数见表 3-9-1；

100——换算系数。

蛋白质含量≥1 g/100 g 时，结果保留 3 位有效数字；蛋白质含量＜1 g/100 g 时，结果保留两位有效数字。

注：当只检测氮含量时，不需要乘蛋白质换算系数 F。

在重复条件下获得的两次独立测定结果的绝对差值不得超过算术平均值的 10%。

表 3-9-1　蛋白质折算系数表

食品类别		折算系数	食品类别		折算系数
小麦	全小麦粉	5.83	大米及米粉		5.95
	麦糠麸皮	6.31	鸡蛋	鸡蛋（全）	6.25
	麦胚芽	5.80		蛋黄	6.12
	麦胚粉、黑麦、普通小麦、面粉	5.70		蛋白	6.32
燕麦、大麦、黑麦粉		5.83	肉及肉制品		6.25
小米、裸麦		5.83	动物明胶		5.55
玉米、黑小麦、饲料小麦、高粱		6.25	纯乳与纯乳制品		6.38
油料	芝麻、棉籽、葵花籽、蓖麻、红花籽	5.30	复合配方食品		6.25
	其他油料	6.25	酪蛋白		6.40
	菜籽	5.53			
	巴西果	5.46	胶原蛋白		5.79
坚果、种子类	花生	5.46	豆类	大豆及其粗加工制品	5.71
	杏仁	5.18		大豆蛋白制品	6.25
	核桃、榛子、椰果等	5.30	其他食品		6.25

(二)分光光度法

1.原理

食品中的蛋白质在催化加热条件下被分解,分解产生的氨与硫酸结合生成硫酸铵,在pH 为 4.8 的乙酸钠-乙酸缓冲溶液中与乙酰丙酮和甲醛反应生成黄色的 3,5-二乙酰-2,6-二甲基-1,4-二氢化吡啶化合物。在波长 400 nm 下测定吸光度值,与标准系列比较定量,结果乘以换算系数,即为蛋白质含量。

2.试剂

除非另有说明,本方法所用试剂均为分析纯,水为 GB/T 6682—2008 中规定的三级水。

(1)硫酸铜($CuSO_4 \cdot 5H_2O$)。

(2)硫酸钾(K_2SO_4)。

(3)硫酸(H_2SO_4):优级纯。

(4)37% 甲醛(HCHO)。

(5)乙酰丙酮($C_5H_8O_2$)。

(6)氢氧化钠溶液(300 g/L):称取 30 g 氢氧化钠加水溶解后,放冷,并稀释至 100 mL。

(7)对硝基苯酚指示剂溶液(1 g/L):称取 0.1 g 对硝基苯酚指示剂,溶于 20 mL 95% 乙醇中,加水稀释至 100 mL。

(8)乙酸溶液(1 mol/L):量取 5.8 mL 乙酸,加水稀释至 100 mL。

(9)乙酸钠溶液(1 mol/L):称取 41 g 无水乙酸钠或 68 g 乙酸钠,加水溶解稀释至 500 mL。

(10)乙酸钠-乙酸缓冲溶液:量取 60 mL 乙酸钠溶液与 40 mL 乙酸溶液混合,该溶液 pH 为 4.8。

(11)显色剂:15 mL 甲醛与 7.8 mL 乙酰丙酮混合,加水稀释至 100 mL,剧烈振摇混匀(室温下放置稳定 3 天)。

(12)氨氮标准储备溶液(以氮计)(1.0 g/L):称取 105℃ 干燥 2 h 的硫酸铵 0.472 0 g,加水溶解后移于 100 mL 容量瓶中,并稀释至刻度,混匀。此溶液每毫升相当于 1.0 mg 氮。

(13)氨氮标准使用溶液(0.1 g/L):用移液管吸取 10.00 mL 氨氮标准储备液于 100 mL容量瓶内,加水定容至刻度,混匀。此溶液每毫升相当于 0.1 mg 氮。

3.仪器和设备

(1)分光光度计。

(2)电热恒温水浴锅:100℃±0.5℃。

(3)10 mL 具塞玻璃比色管。

(4)天平:感量为 1 mg。

4.分析步骤

(1)试样消解。称取充分混匀的固体试样 0.1~0.5 g(精确至 0.001 g)、半固体试样0.2~1 g(精确至 0.001 g)或液体试样 1~5 g(精确至 0.001 g),移入干燥的 100 mL 或250 mL 定氮瓶中,加入 0.1 g 硫酸铜、1 g 硫酸钾及 5 mL 硫酸,摇匀后于瓶口放一小漏斗,将定氮瓶以 45°角斜支于有小孔的石棉网上。缓慢加热,待内容物全部炭化,泡沫完全停止后,加强火力,并保持瓶内液体微沸;至液体呈蓝绿色澄清透明后,再继续加热 0.5 h。取下放冷,慢慢加入 20 mL 水,放冷后移入 50 mL 或 100 mL 容量瓶中,并用少量水洗定氮瓶,洗液并入容量瓶中,再加水至刻度,混匀备用。按同一方法做试剂空白试验。

(2)试样溶液的制备。吸取 2.00～5.00 mL 试样或试剂空白消化液于 50 mL 或 100 mL 容量瓶内,加 1～2 滴对硝基苯酚指示剂溶液,摇匀后滴加氢氧化钠溶液中和至黄色,再滴加乙酸溶液至溶液无色,用水稀释至刻度,混匀。

(3)标准曲线的绘制。吸取 0.00 mL、0.05 mL、0.10 mL、0.20 mL、0.40 mL、0.60 mL、0.80 mL 和 1.00 mL 氨氮标准使用溶液(相当于 0.00 μg、5.00 μg、10.0 μg、20.0 μg、40.0 μg、60.0 μg、80.0 μg 和 100.0 μg 氮),分别置于 10 mL 比色管中。加 4.0 mL 乙酸钠-乙酸缓冲溶液及 4.0 mL 显色剂,加水稀释至刻度,混匀。置于 100℃ 水浴中加热 15 min。取出用水冷却至室温后,移入 1 cm 比色杯内,以零管为参比,于波长 400 nm 处测量吸光度值,根据标准各点吸光度值绘制标准曲线或计算线性回归方程。

(4)试样测定。吸取 0.50～2.00 mL(约相当于氮<100 μg)试样溶液和同量的试剂空白溶液,分别于 10 mL 比色管中。加 4.0 mL 乙酸钠-乙酸缓冲溶液及 4.0 mL 显色剂,加水稀释至刻度,混匀。置于 100℃ 水浴中加热 15 min。取出用水冷却至室温后,移入 1 cm 比色杯内,以零管为参比,于波长 400 nm 处测量吸光度值。试样吸光度值与标准曲线比较定量或代入线性回归方程求出含量。

5.计算

$$X = \frac{(C - C_0) \times V_1 \times V_3}{m \times V_2 \times V_4 \times 1\,000 \times 1\,000} \times 100\% \times F$$

式中:X——试样中蛋白质的含量,g/100 g;

$\quad C$——试样测定液中氮的含量,μg;

$\quad C_0$——试剂空白测定液中氮的含量,μg;

$\quad V_1$——试样消化液定容体积,mL;

$\quad V_3$——试样溶液总体积,mL;

$\quad m$——试样质量,g;

$\quad V_2$——制备试样溶液的消化液体积,mL;

$\quad V_4$——测定用试样溶液体积,mL;

$\quad 1\,000$——换算系数;

$\quad 100$——换算系数;

$\quad F$——氮换算为蛋白质的系数。

蛋白质含量≥1 g/100 g 时,结果保留 3 位有效数字;蛋白质含量<1 g/100 g 时,结果保留两位有效数字。

在重复性条件下获得的两次独立测定结果的绝对差值不得超过算术平均值的 10%。

(三)双缩脲法

双缩脲法是生物化学领域测定蛋白质浓度常用的方法之一,可用于米谷类、油料及豆类等样品中蛋白质含量的测定。该方法操作简单快捷,但灵敏度较低。

1. 原理

当脲(尿素)被加热至150～180℃时,两分子脲缩合脱去一个氨分子而形成双缩脲,在碱性条件下,能与硫酸铜生成紫红色络合物（双缩脲反应）。由于蛋白质分子中含有肽键,与双缩脲结构相似,故蛋白质与碱性硫酸铜也能形成紫红色络合物,在一定条件下其颜色深浅与蛋白质含量成正比,在560 nm最大吸收波长条件下,可用来进行蛋白质的定量。

2. 仪器

(1)恒温水浴锅。

(2)分光光度计。

(3)离心机:转速4 000 r/min。

3. 试剂

(1)碱性硫酸铜溶液:将10 mL 10 mol/L氢氧化钾溶液和20 mL 25％酒石酸钾钠溶液加到930 mL蒸馏水中,剧烈搅拌(避免生成氢氧化铜沉淀),同时慢慢加入40 mL 4％的硫酸铜溶液。

(2)四氯化碳。

4. 分析步骤

(1)标准曲线的绘制。以用凯氏定氮法测出的蛋白质含量的样品作为标样,按蛋白质含量40 mg、50 mg、60 mg、70 mg、80 mg、90 mg、100 mg、110 mg分别称取混合均匀的标准蛋白质样品于8支50 mL比色管中,各加入1 mL四氯化碳,用碱性硫酸铜溶液定容至50 mL,振摇10 min后,静置1 h。取上层清液离心5 min,离心分离后的透明液移入比色皿中,在560 nm波长下,以蒸馏水作参比液,测定吸光度。以蛋白质含量为横坐标,吸光度为纵坐标绘制标准曲线。

(2)样品的测定。准确称取适量样品(蛋白质含量40～110 mg)于50 mL纳氏比色管中,加1 mL四氯化碳,按上述步骤显色后,在相同条件下测其吸光度,即可在标准曲线上查得样品蛋白质的毫克数。

5. 计算

$$X = \frac{C \times 100}{m}$$

式中:X——样品中蛋白质含量,mg/100 g;

C——由标准曲线上查得的蛋白质含量,mg;

m——样品质量,g。

6. 说明

(1)含脂肪高的样品应预先用乙醚除去脂肪。

(2)样品含不溶性成分存在时,会给比色测定带来困难,可预先将蛋白质抽出后再进行测定。

(3)当肽链中有脯氨酸时,若有多量糖类共存,则显色不好,会使测定值偏低。

三、氨基酸态氮的测定

(一)酸度计法(电位滴定法)

1. 原理

利用氨基酸的两性作用,加入甲醛以固定氨基的碱性,使羧基显示出酸性,用氢氧化钠标准溶液滴定后定量,以酸度计测定终点。

2. 试剂

除非另有说明,本方法所用试剂均为分析纯,水为 GB/T 6682—2008 规定的三级水。

(1)甲醛(36%～38%):应不含有聚合物(没有沉淀且溶液不分层)。

(2)乙醇(CH_3CH_2OH)。

(3)氢氧化钠标准溶液(0.05 mol/L)(配制方法见项目 3-1-1"分析用试剂溶液的制备"中"三、标准滴定溶液的配制与标定")。

(4)酚酞指示液:称取酚酞 1 g,溶于 95% 的乙醇中,用 95% 乙醇稀释至 100 mL。

(5)邻苯二甲酸氢钾($HOOCC_6H_4COOH$):基准物质。

3. 仪器

(1)酸度计(附磁力搅拌器)。

(2)10 mL 微量碱式滴定管。

(3)分析天平:感量 0.1 mg。

4. 分析步骤

(1)酱油试样。称量 5.0 g(或吸取 5.0 mL)试样于 50 mL 的烧杯中,用水分数次洗入 100 mL 容量瓶中,加水至刻度;混匀后吸取 20.0 mL 置于 200 mL 烧杯中,加 60 mL 水;开动磁力搅拌器,用氢氧化钠标准溶液[$c(NaOH)=0.050$ mol/L]滴定至酸度计指示 pH 为 8.2,记下消耗氢氧化钠标准滴定溶液的毫升数,可计算总酸含量。加入 10.0 mL 甲醛溶液,混匀。再用氢氧化钠标准滴定溶液继续滴定至 pH 为 9.2,记下消耗氢氧化钠标准滴定溶液的毫升数。同时取 80 mL 水,先用氢氧化钠标准溶液[$c(NaOH)=0.050$ mol/L]调节至 pH 为 8.2,再加入 10.0 mL 甲醛溶液,用氢氧化钠标准滴定溶液滴定至 pH 为 9.2,做试剂空白试验。

(2)酱及黄豆酱样品。将酱或黄豆酱样品搅拌均匀后,放入研钵中,在 10 min 内迅速研磨至无肉眼可见颗粒,装入磨口瓶中备用。用已知重量的称量瓶称取搅拌均匀的样品 5.0 g,用 50 mL 80℃左右的蒸馏水分数次洗入 100 mL 烧杯中;冷却后,转入 100 mL 容量瓶中,用少量水分次洗涤烧杯,洗液并入容量瓶中,并加水至刻度,混匀后过滤。吸取滤液 10.0 mL,置于 200 mL 烧杯中,加 60 mL 水;开动磁力搅拌器,用氢氧化钠标准溶液[$c(NaOH)=0.050$ mol/L]滴定至酸度计指示 pH 为 8.2,记下消耗氢氧化钠标准滴定溶液的毫升数,可计算总酸含量。加入 10.0 mL 甲醛溶液,混匀。再用氢氧化钠标准滴定溶液继续滴定至 pH 为 9.2,记下消耗氢氧化钠标准滴定溶液的毫升数。同时取 80 mL 水,先用氢氧化钠标准溶液[$c(\text{NaOH})=0.050\ \text{mol/L}$]调节至 pH 为 8.2,再加入 10.0 mL 甲醛溶液,用氢氧化钠标准滴定溶液滴定至 pH 为 9.2,做试剂空白试验。

5.计算

$$X=\frac{(V_1-V_2)\times c\times 0.014}{m\times V_3/V_4}\times 100\%$$

式中：X——试样中氨基酸态氮的含量,g/100 g 或 g/100 mL;

V_1——测定用试样稀释液加入甲醛后消耗氢氧化钠标准滴定溶液的体积,mL;

V_2——试剂空白实验加入甲醛后消耗氢氧化钠标准滴定溶液的体积,mL;

c——氢氧化钠标准滴定溶液的浓度,mol/L;

0.014——与 1.00 mL 氢氧化钠标准滴定溶液[$c(\text{NaOH})=1.000\ \text{mol/L}$]相当的氮的质量,g;

m——称取试样的质量或吸取试样的体积,g 或 mL;

V_3——试样稀释液的取用量,mL;

V_4——试样稀释液的定容体积,mL。

计算结果保留两位有效数字。

在重复性条件下获得的两次独立测定结果的绝对差值不得超过算术平均值的 10%。

(二)比色法

1.原理

在 pH 为 4.8 的乙酸钠-乙酸缓冲液中,氨基酸态氮与乙酰丙酮和甲醛反应生成黄色的 3,5-二乙酸-2,6-二甲基-1,4 二氢化吡啶氨基酸衍生物。在波长 400 nm 处测定吸光度,与标准系列比较定量。

2.试剂

除非另有说明,本方法所用试剂均为分析纯,水为 GB/T 6682—2008 规定的二级水。

(1)乙酸溶液(1 mol/L):量取 5.8 mL 冰乙酸,加水稀释至 100 mL。

(2)乙酸钠溶液(1 mol/L):称取 41 g 无水乙酸钠或 68 g 乙酸钠($CH_3COONa\cdot 3H_2O$),加水溶解后并稀释至 500 mL。

(3)乙酸钠-乙酸缓冲液:量取 60 mL 乙酸钠溶液(1 mol/L)与 40 mL 乙酸溶液(1 mol/L)混合,该溶液 pH 为 4.8。

(4)显色剂:将 15 mL 37% 甲醇与 7.8 mL 乙酰丙酮混合,加水稀释至 100 mL,剧烈振摇混匀(室温下放置稳定 3 天)。

(5)氨氮标准储备溶液(1.0 mg/mL):精确称取 105℃ 干燥 2 h 的硫酸铵 0.472 0 g 于小烧杯中,加水溶解后移至 100 mL 容量瓶中,并稀释至刻度,混匀。此溶液每毫升相当于 1.0 mg 氨氮(10℃下冰箱内贮存稳定 1 年以上)。

(6)氨氮标准使用溶液(0.1 g/L):用移液管精确量取 10 mL 氨氮标准储备液(1.0 mg/mL)于 100 mL 容量瓶内,加水稀释至刻度,混匀。此溶液每毫升相当于 100 μg 氨氮(10℃下冰箱内贮存稳定 1 个月)。

3.仪器

(1)分光光度计。

(2)电热恒温水浴锅:100℃±0.5℃。

(3)10 mL 具塞玻璃比色管。

4.分析步骤

(1)试样前处理。称量 1.00 g(或吸取 1.0 mL)试样于 50 mL 容量瓶中,加水稀释至刻度,混匀。

(2)标准曲线的制作。精确吸取氨氮标准使用溶液 0 mL、0.05 mL、0.1 mL、0.2 mL、0.4 mL、0.6 mL、0.8 mL、1.0 mL(相当于 NH_3-N 0 μg、5.0 μg、10.0 μg、20.0 μg、40.0 μg、60.0 μg、80.0 μg、100.0 μg)分别于 10 mL 比色管中。向各比色管分别加入 4 mL 乙酸钠-乙酸缓冲溶液(pH 4.8)及 4 mL 显色剂,用水稀释至刻度,混匀。置于 100℃ 水浴中加热 15 min,取出,水浴冷却至室温后,移入 1 cm 比色皿内,以零管为参比,于波长 400nm 处测量吸光度,绘制标准曲线或计算线性回归方程。

(3)试样的测定。精确吸取 2 mL 试样,稀释溶液于 10 mL 比色管中。加入 4 mL 乙酸钠-乙酸缓冲溶液(pH 4.8)及 4 mL 显色剂,用水稀释至刻度,混匀。置于 100℃ 水浴中加热 15 min,取出,水浴冷却至室温后,移入 1 cm 比色皿内,以零管为参比,于波长 400 nm 处测量吸光度。试样吸光度与标准曲线比较定量或代入线性回归方程,计算试样含量。

5.计算

$$X = \frac{m}{m_1 \times 1\ 000 \times 1\ 000 \times V_1/V_2} \times 100\%$$

式中:X——试样中氨基酸态氮的含量,g/100 g 或 g/100 mL;

m——试样测定液中氮的质量,μg;

m_1——称取试样的质量或吸取试样的体积,g 或 mL;

V_1——测定用试样溶液体积,mL;

V_2——试样前处理中的定容体积,mL;

$1\ 000$——单位换算系数。

在重复性条件下获得的两次独立测定结果的绝对差值不得超过算术平均值的 10%。

本方法的检出限为 0.007 0 mg/100 g,定量限为 0.021 0 mg/100 g。

(三)双指示剂甲醛滴定法

1.原理

氨基酸含有氨基和羧基两性基团,它们相互作用形成中性的内盐,加入甲醛溶液后,与氨基反应,使酸性的羧基游离出来,再用氢氧化钠标准溶液滴定羧基,可间接测出氨基酸的含量。

2.试剂

(1)40%中性甲醛溶液:用百里酚酞作指示剂,用氢氧化钠溶液中和至淡蓝色。

(2)百里酚酞 95%乙醇溶液 (1 g/L)。

(3)氢氧化钠溶液 (0.1 mol/L)。

(4)中性红 50%乙醇溶液 (1 g/L)。

3.分析步骤

移取含氨基酸 20～30 mg 的样品溶液 2 份,分别置于 250 mL 锥形瓶中,各加 50 mL 蒸馏水,其中一份加 3 滴中性红指示剂,用 0.1 mol/L 氢氧化钠溶液滴定至琥珀色为终点;另一份加入 3 滴百里酚酞指示剂及中性甲醛溶液 10 mL,摇匀,静置 1 min,用 0.1 mol/L 氢氧化钠溶液滴定至淡蓝色为终点。分别记录两次滴定所消耗的碱液毫升数。

4.计算

$$X = \frac{(V_2 - V_1) \times c \times 0.014}{m} \times 100\%$$

式中:X——试样中氨基酸态氮的含量,g/100 g 或 g/100 mL;

V_1——用中性红作指示剂滴定时消耗氢氧化钠标准溶液的体积,mL;

V_2——用百里酚酞作指示剂滴定时消耗氢氧化钠标准溶液的体积,mL;

c——氢氧化钠标准滴定溶液的浓度,mol/L;

m——测定用样品溶液相当于样品的质量或体积,g 或 mL;

0.014——与 1.00 mL 氢氧化钠标准滴定溶液[$c(NaOH) = 1.000$ mol/L]相当的氮的质量,g。

 练一练

如何测定酱油中氨基酸态氮的含量?

1.通过查阅哪些食品安全国家标准来制订检验方案?

2.需要准备什么仪器?

序号	名称	型号规格	个数
1	分析天平		
2	滴定管		
3	酸度计		
4	⋮		
5			
6			
7			
8			
9			
10			

3.需要准备什么药品？

序号	药品名称	纯度	克数/g
1	氢氧化钠（NaOH）	分析纯（AR）	
2	⋮		
3			
4			

4.操作步骤：

（1）

（2）

（3）

5.数据记录及处理：

序号	名称	1	2	3	平均值
1	样品的质量或体积 m/g 或 mL				
2	氢氧化钠标准滴定溶液的浓度 c/(mol/L)				
3	测定用试样稀释液加入甲醛后消耗氢氧化钠标准滴定溶液的体积 V_1/mL				
4	试剂空白实验加入甲醛后消耗氢氧化钠标准滴定溶液的体积 V_2/mL				
5	试样稀释液的取用量 V_3/mL				
6	试样稀释液的定容体积 V_4/mL				
7	计算公式				

6.计算结果及结论：

7.操作过程中需要注意什么？

（1）

食品感官与理化检验技术

(2)

(3)

(4)

提示：如酸度计的电极处理操作要点，电位滴定法的操作……

 答一答

一、思考题

1. 检验用水分为哪几个级别？

2. 我国的试剂可分哪几个规格？

3. 常用的洗液有哪些？怎么配制？

4. 干法灰化和湿法消化各有何特点和优缺点？

5. 测定水分的设备有哪些？

6. 为什么在测定液体样品的水分时，需要加入海砂和玻璃棒？

7. 为什么糖类化合物也称为碳水化合物？

8. 为什么酸碱滴定法在蒸馏前要加入氢氧化钠？

9. 直接滴定法测定食品还原糖含量时，滴定结束后把溶液从电炉上移开，放置一段时间后，溶液颜色由无色变为蓝色。这是为什么？

10. 用电导仪测定水中电导率时，应注意哪些问题？

二、判断题（下列判断正确的请打"√"，错误的请打"×"）

1. 检验用水在未注明的情况下可以用自来水。

2. 氢氧化钠溶液不可存放在玻璃试剂瓶中。

3. 采集后的样品应妥善保管，并及时送实验室检验。

4. 灰分是标示食品中无机成分总量的一项指标。

5. 碳水化合物也称为糖类，是由碳、氢、氮三种元素组成的一大类化合物。

6. 盐酸洗液可以重复使用。

7. 测定食品中总糖时，需要加酸转化。

8. 在酸度测定过程中，以酚酞作为指示剂。

9. 在酸价测定过程中，以甲基红作为指示剂。

10. 同一样品，所测得的水分含量是一样的。

11. 所有的脂肪都不能直接被人体吸收。

12. 在测定食品中的蛋白质时,加入硫酸钾的目的是提高消化的温度。

13. 凯氏定氮法最终测定的是总有机氮,而不只是蛋白质氮。

14. 食品中的有效酸度常用 pH 计来测定。

15. 电位分析法在测定过程中不需要指示剂。

16. 检验工作中仪器报出的数都是准确数。

17. 用索氏提取法测得的脂肪,也称为粗脂肪。

18. 用酸度计测定溶液的 pH 时,不能用复合电极。

19. 电导率低,说明水中所含的杂质多。

20. 分析检验中,在其他条件一定时,试剂的纯度越高,测定结果就越准确。

21. 一般广泛 pH 试纸是用甲基红、溴百里酚蓝、溴甲酚绿和酚酞按一定比例配成的混合指示剂。

22. 优级纯、分析纯的符号分别是 GR 和 AR,而化学纯的符号是 CP。

23. 氢氧化钠极易吸水,若用邻苯二甲酸氢钾标定它,则所得结果会不准。

24. 在直接滴定法测定还原糖时,加热时间、滴定速度等因素对结果影响不大。

25. 直接测定法测定食品中还原糖含量时,斐林试剂的用量通常为甲、乙液各 10 mL。

26. 测定乳制品总糖含量时,应将样品中的蔗糖都转化成还原糖后测定。

27. 测定甜乳粉中蔗糖含量时,要经过预滴和精滴两个步骤。

28. 测定酸性样品的水分含量时,不可以采用铝皿作为容器。

29. 电位滴定是根据电位的突跃来确定终点的滴定方法。

30. 普通酸度计通电后可立即开始测量。

31. 还原糖测定时,标准的斐林试剂甲、乙液需分别贮藏,不能事先混合。

32. 在分光光度法中,当欲测物的浓度大于 0.01 mol/L 时,可能会偏离光吸收定律。

33. 用葡萄糖标定斐林试剂的目的是求出斐林试剂标准溶液的校正值。

34. 钨灯发出的为可见光。

35. 氘灯发出的为紫外光。

36. 常压干燥法能非常准确地测定样品中水分的真正含量。

37. 挥发酸的测定中,在蒸馏时加入磷酸可使结合态的挥发酸离析。

三、简答题

1. 简述食品检验技术的任务及作用。

2. 简述样品制备的定义。

3. 简述化学试剂的分级及适用范围。

4. 简述溶液配制中的注意事项。

5. 什么是容量分析?容量分析分为几类?

6. 用于容量分析的氧化还原反应应具备哪些条件?

7. 简述总糖的测定原理。

8. 写出常压干燥法测定食品水分的操作步骤。

9. 写出标定 0.1 mol/L NaOH 标准溶液的操作步骤。

10. 什么是酸价？

11. 写出酸度计测定样液 pH 的操作步骤。

12. 什么是质量分析法？

13. 食品中的水分存在形式有几类？

14. 简述直接干燥法测定食品中水分的原理。

15. 什么是电化学分析法？

16. 什么是有效酸度？

17. 简述 pH 计使用的注意事项。

18. 简述测定电导率的意义。

19. 简述盖勃氏法测定牛乳脂肪的原理。

20. 为什么说还原糖的测定是糖类的定量基础？

模块 4　食品添加剂的检验

学习目标

1. 了解防腐剂的概念；
2. 了解发色剂的发色原理；
3. 会解读食品添加剂测定的国家标准；
4. 能进行防腐剂、发色剂和漂白剂的测定。

思政目标

1. 树立学生质量意识和规范意识；
2. 培养团结协作和沟通能力；
3. 培养诚实守信精神,杜绝超标使用添加剂及制假造假行为。

想一想

1. 什么是添加剂的最大使用量?
2. 什么是气相色谱法?

读一读

食品添加剂

　　食品添加剂是指为了改善食品品质和色香味以及为防腐、保鲜和加工工艺的需要而加入食品中的人工合成或天然物质。食品用香料、胶质糖果中基础剂物质、食品工业用加工助剂也包括在食品添加剂内。食品添加剂按其来源可分为天然食品添加剂和人工合成的食品添加剂两种,按其功能则可分为酸度调节剂、抗结剂、消泡剂、抗氧化剂、漂白剂、膨松剂、着色剂、护色剂、酶制剂、增味剂、营养强化剂、防腐剂、甜味剂、增稠剂、香料等。

　　根据食品添加剂测定的国家标准,本模块介绍了防腐剂、发色剂和漂白剂三种食品添加剂的测定。

项目 4-1 食品中苯甲酸和 山梨酸的测定

想一想

1. 苯甲酸和山梨酸通常存在于哪些食品中？
2. 苯甲酸和山梨酸的使用限量是多少？

读一读

▶ 一、概述

防腐剂是具有杀灭或抑制微生物增殖作用的一类物质的总称。在食品生产中，为防止食品腐败变质、延长食品保存期，在采用其他保藏手段的同时，也常配合使用防腐剂，以期达到更好的效果。但随着食品保藏新工艺、新设备的不断完善，防腐剂将逐步减少使用，甚至不用。

目前，我国允许在一定量内使用的防腐剂有三十多种，其中常用的防腐剂有苯甲酸及其钠盐，山梨酸及其钾盐。《食品安全国家标准 食品添加剂使用标准》(GB 2760—2014)中规定，苯甲酸及其钠盐在各类食品中的最大使用量/(g/kg)见表 4-1-1，山梨酸及其钾盐在各类食品中的最大使用量/(g/kg)见表 4-1-2。

表 4-1-1　苯甲酸及其钠盐在各类食品中的最大限量表

食品名称	最大使用量/(g/kg)	备注
风味冰、冰棍类	1.0	以苯甲酸计
果酱(罐头除外)	1.0	以苯甲酸计
蜜饯凉果	0.5	以苯甲酸计
腌渍的蔬菜	1.0	以苯甲酸计
胶基糖果	1.5	以苯甲酸计
除胶基糖果以外的其他糖果	0.8	以苯甲酸计

食品名称	最大使用量/(g/kg)	备注
调味糖浆	1.0	以苯甲酸计
醋	1.0	以苯甲酸计
酱油	1.0	以苯甲酸计
酱及酱制品	1.0	以苯甲酸计
复合调味料	0.6	以苯甲酸计
半固体复合调味料	1.0	以苯甲酸计
液体复合调味料(不包括醋和酱油)	1.0	以苯甲酸计
浓缩果蔬汁(浆)(仅限食品工业用)	2.0	以苯甲酸计,固体饮料按稀释倍数增加使用量
果蔬汁(浆)类饮料	1.0	以苯甲酸计,固体饮料按稀释倍数增加使用量
蛋白饮料	1.0	以苯甲酸计,固体饮料按稀释倍数增加使用量
碳酸饮料	0.2	以苯甲酸计,固体饮料按稀释倍数增加使用量
茶、咖啡、植物(类)饮料	1.0	以苯甲酸计,固体饮料按稀释倍数增加使用量
特殊用途饮料	0.2	以苯甲酸计,固体饮料按稀释倍数增加使用量
风味饮料	1.0	以苯甲酸计,固体饮料按稀释倍数增加使用量
配制酒	0.4	以苯甲酸计
果酒	0.8	以苯甲酸计

表 4-1-2　山梨酸及其钾盐在各类食品中的最大限量表

食品名称	最大使用量/(g/kg)	备注
干酪和再制干酪及其类似品	1.0	以山梨酸计
氢化植物油	1.0	以山梨酸计
人造黄油(人造奶油)及其类似制品(如黄油和人造黄油混合品)	1.0	以山梨酸计
风味冰、冰棍类	0.5	以山梨酸计
经表面处理的鲜水果	0.5	以山梨酸计
果酱	1.0	以山梨酸计
蜜饯凉果	0.5	以山梨酸计
经表面处理的新鲜蔬菜	0.5	以山梨酸计

食品名称	最大使用量/(g/kg)	备注
腌渍的蔬菜	1.0	以山梨酸计
加工食用菌和藻类	0.5	以山梨酸计
豆干再制品	1.0	以山梨酸计
新型豆制品（大豆蛋白及其膨化食品、大豆素肉等）	1.0	以山梨酸计
胶基糖果	1.5	以山梨酸计
除胶基糖果以外的其他糖果	1.0	以山梨酸计
其他杂粮制品（仅限杂粮灌肠制品）	1.5	以山梨酸计
方便米面制品（仅限米面灌肠制品）	1.5	以山梨酸计
面包	1.0	以山梨酸计
糕点	1.0	以山梨酸计
焙烤食品馅料及表面用挂浆	1.0	以山梨酸计
熟肉制品	0.075	以山梨酸计
肉灌肠类	1.5	以山梨酸计
预制水产品（半成品）	0.075	以山梨酸计
风干、烘干、压干等水产品	1.0	以山梨酸计
熟制水产品（可直接食用）	1.0	以山梨酸计
其他水产品及其制品	1.0	以山梨酸计
蛋制品（改变其物理性状）	1.5	以山梨酸计
调味糖浆	1.0	以山梨酸计
醋	1.0	以山梨酸计
酱油	1.0	以山梨酸计
酱及酱制品	0.5	以山梨酸计
复合调味料	1.0	以山梨酸计
饮料类（包装饮用水除外）	0.5	以山梨酸计，固体饮料按稀释倍数增加使用量
浓缩果蔬汁（浆）（仅限食品工业用）	2.0	以山梨酸计，固体饮料按稀释倍数增加使用量
乳酸菌饮料	1.0	以山梨酸计，固体饮料按稀释倍数增加使用量
配制酒	0.4	以山梨酸计
配制酒（仅限青稞干酒）	0.6 g/L	以山梨酸计
葡萄酒	0.2	以山梨酸计
果酒	0.6	以山梨酸计
果冻	0.5	以山梨酸计，如用于果冻粉，按冲调倍数增加使用量
胶原蛋白肠衣	0.5	以山梨酸计

模块 4 食品添加剂的检验

《食品安全国家标准　食品中苯甲酸、山梨酸和糖精钠的测定》(GB 5009.28—2016)中规定,食品中苯甲酸、山梨酸和糖精钠的测定方法有液相色谱法和气相色谱法。

(一)液相色谱法

1. 原理

样品经水提取,高脂肪样品经正己烷脱脂、高蛋白样品经蛋白沉淀剂沉淀蛋白,然后采用液相色谱分离、紫外检测器检测,外标法定量。

2. 试剂和材料

除非另有说明,本方法所用试剂均为分析纯,水为 GB/T 6682—2008 规定的一级水。

(1)试剂。

①氨水($NH_3 \cdot H_2O$)。

②亚铁氰化钾[$K_4Fe(CN)_6 \cdot 3H_2O$]。

③乙酸锌 [$Zn(CH_3COO)_2 \cdot 2H_2O$]。

④无水乙醇(CH_3CH_2OH)。

⑤正己烷(C_6H_{14})。

⑥甲醇(CH_3OH):色谱纯。

⑦乙酸铵(CH_3COONH_4):色谱纯。

⑧甲酸($HCOOH$):色谱纯。

(2)试剂配制。

①氨水溶液(1+99):取氨水 1 mL,加到 99 mL 水中,混匀。

②亚铁氰化钾溶液(92 g/L):称取 106 g 亚铁氰化钾,加入适量水溶解,用水定容至 1 000 mL。

③乙酸锌溶液(183 g/L):称取 220 g 乙酸锌溶于少量水中,加入 30 mL 冰乙酸,用水定容至 1 000 mL。

④乙酸铵溶液(20 mmol/L):称取 1.54 g 乙酸铵,加入适量水溶解,用水定容至 1 000 mL,经 0.22 μm 水相微孔滤膜过滤后备用。

⑤甲酸-乙酸铵溶液(2 mmol/L 甲酸＋20 mmol/L 乙酸铵):称取 1.54 g 乙酸铵,加入适量水溶解,再加入 75.2 μL 甲酸,用水定容至 1 000 mL,经 0.22 μm 水相微孔滤膜过滤后备用。

(3)标准品。

①苯甲酸钠(C_6H_5COONa,CAS 号:532-32-1),纯度≥99.0%;或苯甲酸(C_6H_5COOH,CAS 号:65-85-0),纯度≥99.0%,或经国家认证并授予标准物质证书的标准物质。

②山梨酸钾($C_6H_7KO_2$,CAS 号:590-00-1),纯度≥99.0%;或山梨酸($C_6H_8O_2$,CAS

号:110-44-1),纯度≥99.0%,或经国家认证并授予标准物质证书的标准物质。

③糖精钠($C_6H_4CONNaSO_2$,CAS号:128-44-9),纯度≥99%,或经国家认证并授予标准物质证书的标准物质。

(4)标准溶液配制。

①苯甲酸、山梨酸和糖精钠(以糖精计)标准储备溶液(1 000 mg/L):分别准确称取苯甲酸钠、山梨酸钾和糖精钠0.118 g、0.134 g和0.117 g(精确到0.000 1 g),用水溶解并分别定容至100 mL。于4℃贮存,保存期为6个月。当使用苯甲酸和山梨酸标准品时,需要用甲醇溶解并定容。

②苯甲酸、山梨酸和糖精钠(以糖精计)混合标准中间溶液(200 mg/L):分别准确吸取苯甲酸、山梨酸和糖精钠标准储备溶液各10.0 mL于50 mL容量瓶中,用水定容。于4℃贮存,保存期为3个月。

③苯甲酸、山梨酸和糖精钠(以糖精计)混合标准系列工作溶液:分别准确吸取苯甲酸、山梨酸和糖精钠混合标准中间溶液0 mL、0.05 mL、0.25 mL、0.50 mL、1.00 mL、2.50 mL、5.00 mL和10.0 mL,用水定容至10 mL,配制成质量浓度分别为0 mg/L、1.00 mg/L、5.00 mg/L、10.0 mg/L、20.0 mg/L、50.0 mg/L、100 mg/L和200 mg/L的混合标准系列工作溶液。临用现配。

(5)材料。

①水相微孔滤膜:0.22 μm。

②塑料离心管:50 mL。

3.仪器和设备

(1)高效液相色谱仪:配紫外检测器。

(2)分析天平:感量为0.001 g和0.000 1 g。

(3)涡旋振荡器。

(4)离心机:转速≥8 000 r/min。

(5)匀浆机。

(6)恒温水浴锅。

(7)超声波发生器。

4.分析步骤

(1)试样制备。取多个预包装的饮料、液态奶等均匀样品直接混合;非均匀的液态、半固态样品用组织匀浆机匀浆;固体样品用研磨机充分粉碎并搅拌均匀;奶酪、黄油、巧克力等采用50~60℃加热熔融,并趁热充分搅拌均匀。取其中的200 g装入玻璃容器中,密封,液体试样于4℃保存,其他试样于-18℃保存。

(2)试样提取。

①一般性试样:准确称取约2 g(精确到0.001 g)试样于50 mL具塞离心管中,加水约25 mL,涡旋混匀,于50℃水浴超声20 min;冷却至室温后加亚铁氰化钾溶液2 mL和乙酸锌

溶液 2 mL,混匀,于 8 000 r/min 离心 5 min;将水相转移至 50 mL 容量瓶中;于残渣中加水 20 mL,涡旋混匀后超声 5 min,于 8 000 r/min 离心 5 min,将水相转移到同一 50 mL 容量瓶中,并用水定容至刻度,混匀。取适量上清液过 0.22 μm 滤膜,待液相色谱测定。

注:碳酸饮料、果酒、果汁、蒸馏酒等测定时可以不加蛋白沉淀剂。

②含胶基的果冻、糖果等试样:准确称取约 2 g(精确到 0.001 g)试样于 50 mL 具塞离心管中,加水约 25 mL,涡旋混匀,于 70℃ 水浴加热溶解试样,于 50℃ 水浴超声 20 min,之后的操作同一般性试样。

③油脂、巧克力、奶油、油炸食品等高油脂试样:准确称取约 2 g(精确到 0.001 g)试样于 50 mL 具塞离心管中,加正己烷 10 mL,于 60℃ 水浴加热约 5 min,并不时轻摇以溶解脂肪;然后加氨水溶液(1+99)25 mL,乙醇 1 mL,涡旋混匀,于 50℃ 水浴超声 20 min;冷却至室温后,加亚铁氰化钾溶液 2 mL 和乙酸锌溶液 2 mL,混匀,于 8 000 r/min 离心 5 min;弃去有机相,水相转移至 50 mL 容量瓶中,残渣同一般性试样再提取一次后测定。

(3)仪器参考条件。

①色谱柱:C_{18} 柱,柱长 250 mm,内径 4.6 mm,粒径 5 μm,或等效色谱柱。

②流动相:甲醇+乙酸铵溶液=5+95。

③流速:1 mL/min。

④检测波长:230 nm。

⑤进样量:10 μL。

注:当存在干扰峰或需要辅助定性时,可以采用加入甲酸的流动相来测定,如流动相:甲醇+甲酸-乙酸铵溶液=8+92。

1 mg/L 苯甲酸、山梨酸和糖精钠标准溶液液相色谱图如图 4-1-1 和图 4-1-2 所示。

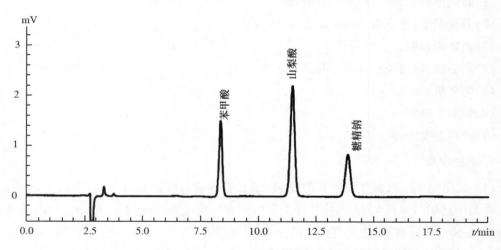

图 4-1-1　1 mg/L 苯甲酸、山梨酸和糖精钠标准溶液液相色谱图

(流动相:甲醇+乙酸铵溶液=5+95)

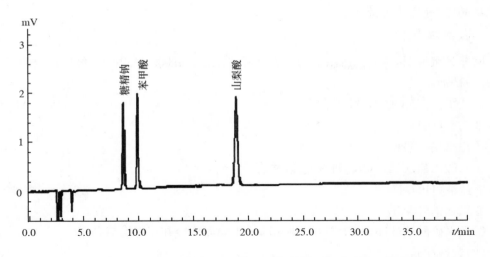

图 4-1-2　1 mg/L 苯甲酸、山梨酸和糖精钠标准溶液液相色谱图
（流动相：甲醇＋甲酸-乙酸铵溶液＝8＋92）

（4）标准曲线的制作。将混合标准系列工作溶液分别注入液相色谱仪中，测定相应的峰面积，以混合标准系列工作溶液的质量浓度为横坐标，以峰面积为纵坐标，绘制标准曲线。

（5）试样溶液的测定。将试样溶液注入液相色谱仪中，得到峰面积，根据标准曲线得到待测液中苯甲酸、山梨酸和糖精钠（以糖精计）的质量浓度。

5.计算

试样中苯甲酸、山梨酸和糖精钠（以糖精计）的含量按下式计算：

$$X = \frac{\rho \times V}{m \times 1\,000}$$

式中：X——试样中待测组分含量，g/kg；

ρ——由标准曲线得出的试样液中待测物的质量浓度，mg/L；

V——试样定容体积，mL；

m——试样质量，g；

1 000——由 mg/kg 转换为 g/kg 的换算因子。

结果保留 3 位有效数字。

在重复性条件下获得的两次独立测定结果的绝对差值不得超过算术平均值的 10%。

6.说明

（1）本方法适用于食品中苯甲酸、山梨酸和糖精钠的测定。

（2）按取样量 2 g，定容 50 mL 时，苯甲酸、山梨酸和糖精钠（以糖精计）的检出限均为 0.005 g/kg，定量限均为 0.01 g/kg。

（二）气相色谱法

1.原理

试样经盐酸酸化后，用乙醚提取苯甲酸、山梨酸，采用气相色谱-氢火焰离子化检测器进行分离测定,外标法定量。

2.试剂和材料

除非另有说明,本方法所用试剂均为分析纯,水为 GB/T 6682—2008 中规定的一级水。

(1)试剂。

①乙醚($C_2H_5OC_2H_5$)。

②乙醇(C_2H_5OH)。

③正己烷(C_6H_{14})。

④乙酸乙酯($CH_3CO_2C_2H_5$):色谱纯。

⑤盐酸(HCl)。

⑥氯化钠(NaCl)。

⑦无水硫酸钠(Na_2SO_4):500℃烘 8 h,于干燥器中冷却至室温后备用。

(2)试剂配制。

①盐酸溶液(1+1):取 50 mL 盐酸,边搅拌边慢慢加入 50 mL 水中,混匀。

②氯化钠溶液(40g/L):称取 40g 氯化钠,用适量水溶解,加盐酸溶液 2 mL,加水定容到 1 L。

③正己烷-乙酸乙酯混合溶液(1+1):取 100 mL 正己烷和 100 mL 乙酸乙酯,混匀。

(3)标准品。

①苯甲酸(C_6H_5COOH,CAS 号:65-85-0),纯度≥99.0%,或经国家认证并授予标准物质证书的标准物质。

②山梨酸($C_6H_8O_2$,CAS 号:110-44-1),纯度≥99.0%,或经国家认证并授予标准物质证书的标准物质。

(4)标准溶液配制。

①苯甲酸、山梨酸标准储备溶液(1 000 mg/L):分别准确称取苯甲酸、山梨酸各 0.1 g(精确到 0.000 1 g),用甲醇溶解并分别定容至 100 mL。转移至密闭容器中,于−18℃贮存,保存期为 6 个月。

②苯甲酸、山梨酸混合标准中间溶液(200 mg/L):分别准确吸取苯甲酸、山梨酸标准储备溶液各 10.0 mL 于 50 mL 容量瓶中,用乙酸乙酯定容。转移至密闭容器中,于−18℃贮存,保存期为 3 个月。

③苯甲酸、山梨酸混合标准系列工作溶液:分别准确吸取苯甲酸、山梨酸混合标准中间溶液 0 mL、0.05 mL、0.25 mL、0.50 mL、1.00 mL、2.50 mL、5.00 mL 和 10.0 mL,用正己烷-乙酸乙酯混合溶剂(1+1)定容至 10 mL,配制成质量浓度分别为 0 mg/L、1.00 mg/L、5.00 mg/L、10.0 mg/L、20.0 mg/L、50.0 mg/L、100 mg/L 和 200 mg/L 的混合标准系列工作溶液。临用现配。

(5)材料。

塑料离心管:50 mL。

3.仪器和设备

(1)气相色谱仪:带氢火焰离子化检测器(FID)。

(2)分析天平:感量为 0.001 g 和 0.000 1 g。

(3)涡旋振荡器。

(4)离心机:转速>8 000 r/min。

(5)匀浆机。

(6)氮吹仪。

4.分析步骤

(1)试样制备。取多个预包装的样品,其中均匀样品直接混合,非均匀样品用组织匀浆机充分搅拌均匀;取其中的 200 g 装入洁净的玻璃容器中,密封,水溶液于 4℃保存,其他试样于－18℃保存。

(2)试样提取。准确称取约 2.5 g(精确至 0.001 g)试样于 50 mL 离心管中,加 0.5 g 氯化钠、0.5 mL 盐酸溶液(1＋1)和 0.5 mL 乙醇,用 15 mL 和 10 mL 乙醚提取两次,每次振摇 1 min,于 8 000 r/min 离心 3 min。每次均将上层乙醚提取液通过无水硫酸钠滤入 25 mL 容量瓶中。加乙醚清洗无水硫酸钠层并收集至约 25 mL 刻度,最后用乙醚定容,混匀。准确吸取 5 mL 乙醚提取液于 5 mL 具塞刻度试管中,于 35℃氮吹至干,加入 2 mL 正己烷-乙酸乙酯(1＋1)混合溶液溶解残渣,待气相色谱测定。

(3)仪器参考条件。

①色谱柱:聚乙二醇毛细管气相色谱柱,内径 320 μm,长 30 m,膜厚度 0.25 μm,或等效色谱柱。

②载气:氮气,流速 3 mL/min。

③空气:400 L/min。

④氢气:40 L/min。

⑤进样口温度:250℃。

⑥检测器温度:250℃。

⑦柱温程序:初始温度 80℃,保持 2 min,以 15℃/min 的速率升温至 250℃,保持 5 min。

⑧进样量:2 μL。

⑨分流比:10:1。

(4)标准曲线的制作。将混合标准系列工作溶液分别注入气相色谱仪中,以质量浓度为横坐标,以峰面积为纵坐标,绘制标准曲线。

(5)试样溶液的测定。将试样溶液注入气相色谱仪中,得到峰面积,根据标准曲线得到待测液中苯甲酸、山梨酸的质量浓度。

5.计算

试样中苯甲酸、山梨酸的含量按下式计算:

$$X = \frac{\rho \times V \times 25}{m \times 5 \times 1\,000}$$

式中:X——试样中待测组分含量,g/kg;

ρ——由标准曲线得出的样液中待测物的质量浓度,mg/L;

V——加入正己烷-乙酸乙酯(1＋1)混合溶剂的体积,mL;

25——试样乙醚提取液的总体积,mL;

m——试样的质量,g;

5——测定时吸取乙醚提取液的体积,mL;

1 000——由 mg/kg 转换为 g/kg 的换算因子。

结果保留 3 位有效数字。

在重复性条件下获得的两次独立测定结果的绝对差值不得超过算术平均值的 10%。

6.说明

取样量 2.5 g,按试样前处理方法操作,最后定容到 2 mL 时,苯甲酸、山梨酸的检出限均为 0.005 g/kg,定容限均为 0.01 g/kg。

 练一练

如何测定酱油中苯甲酸和山梨酸的含量?

1.通过查阅哪些食品安全国家标准来制订检验方案?

2.需要准备什么仪器?

序号	名称	型号规格	个数
1	分析天平		
2	气相色谱仪		
3	旋涡混匀器		
4	⋮		
5			
6			
7			
8			
9			
10			

3.需要准备什么药品?

序号	药品名称	纯度	克数/g
1	盐酸	分析纯(AR)	
2	⋮		
3			
4			

4. 操作步骤:

(1)

(2)

(3)

5. 数据记录及处理:

序号	名称	1	2	3	平均值
1	样品的质量 m/g 或 mL				
2	由标准曲线得出的样液中待测物的质量浓度 ρ/(mg/L)				
3	加入正己烷-乙酸乙酯(1＋1)混合溶剂的体积 V/mL				
4	计算公式				

6. 计算结果及结论:

7. 操作过程中需要注意什么?

(1)

(2)

(3)

(4)

项目 4-2 食品中亚硝酸盐与硝酸盐的测定

想一想

1. 亚硝酸盐通常存在于哪些食品中？
2. 亚硝酸钠标准溶液的保存条件是什么？

读一读

一、概述

亚硝酸盐和硝酸盐是食品加工中最常用的发色剂。它们在一定的条件下可转化为亚硝酸，并分解出亚硝基（—NO）；亚硝基一旦产生就很快与肉类中的血红蛋白和肌红蛋白（Mb）结合，生成鲜艳的、亮红色的亚硝基血红蛋白和亚硝基肌红蛋白（MbNO）；亚硝基肌红蛋白遇热放出巯基（—SH），变成鲜红色的亚硝基血色原，从而赋予肉制品鲜艳的红色。

亚硝酸盐除了有良好的呈色作用外，还具有抑制肉毒梭状芽孢杆菌和增强肉制品风味的作用。但亚硝酸盐具有一定的毒性，尤其是可与胺类物质反应生成强致癌物质亚硝胺，因此在加工时应严格控制其使用范围和用量。

我国《食品安全国家标准 食品添加剂使用标准》（GB 2760—2014）规定，硝酸盐和亚硝酸盐在各类食品中的最大使用量见表 4-2-1 和表 4-2-2。

表 4-2-1 硝酸盐在各类食品中的最大限量表（GB 2760—2014）

食品名称	最大使用量/(g/kg)	备注
腌腊肉制品类（如咸肉、腊肉、板鸭、中式火腿、腊肠）	0.5	以硝酸钠（钾）计，残留量 ≤30 mg/kg
酱卤肉制品类	0.5	以硝酸钠（钾）计，残留量 ≤30 mg/kg

续表 4-2-1

食品名称	最大使用量/(g/kg)	备注
熏、烤、烤肉类	0.5	以硝酸钠（钾）计，残留量 ≤30 mg/kg
油炸肉类	0.5	以硝酸钠（钾）计，残留量 ≤30 mg/kg
西式火腿(熏烤、烟熏、蒸煮火腿)类	0.5	以硝酸钠（钾）计，残留量 ≤30 mg/kg
肉灌肠类	0.5	以硝酸钠（钾）计，残留量 ≤30 mg/kg
发酵肉制品类	0.5	以硝酸钠（钾）计，残留量 ≤30 mg/kg

表 4-2-2　亚硝酸盐在各类食品中的最大限量表(GB 2760—2014)

食品名称	最大使用量/(g/kg)	备注
腌腊肉制品类(如咸肉、腊肉、板鸭、中式火腿、腊肠)	0.15	以亚硝酸钠计，残留量 ≤30 mg/kg
酱卤肉制品类	0.15	以亚硝酸钠计，残留量 ≤30 mg/kg
熏、烧、烤肉类	0.15	以亚硝酸钠计，残留量 ≤30 mg/kg
油炸肉类	0.15	以亚硝酸钠计，残留量 ≤30 mg/kg
西式火腿(熏烤、烟熏、蒸煮火腿)类	0.15	以亚硝酸钠计，残留量 ≤70 mg/kg
肉灌肠类	0.15	以亚硝酸钠计，残留量 ≤30 mg/kg
发酵肉制品类	0.15	以亚硝酸钠计，残留量 ≤30 mg/kg
肉罐头类	0.15	以亚硝酸钠计，残留量 ≤50 mg/kg

二、亚硝酸和硝酸盐的测定

我国《食品安全国家标准　食品中亚硝酸盐与硝酸盐的测定》(GB 5009.33—2016)中规定，食品中亚硝酸盐与硝酸盐的测定方法有离子色谱法、分光光度法和蔬菜、水果中硝酸盐测定的紫外分光光度法。本项目主要介绍分光光度法。

模块 4　食品添加剂的检验

(一)原理

亚硝酸盐采用盐酸萘乙二胺法测定,硝酸盐采用镉柱还原法测定。

试样经沉淀蛋白质、除去脂肪后,在弱酸条件下亚硝酸盐与对氨基苯磺酸重氮化后,再与盐酸萘乙二胺偶合形成紫红色染料,外标法测得亚硝酸盐含量。采用镉柱将硝酸盐还原成亚硝酸盐,测得亚硝酸盐总量,由此总量减去亚硝酸盐含量,即得试样中硝酸盐含量。

(二)试剂和材料

除非另有说明,本方法所用试剂均为分析纯,水为 GB/T 6682—2008 中规定的二级水或去离子水。

1. 试剂

(1)盐酸($\rho=1.19$ g/mL)。

(2)氨水(25%)。

(3)锌皮或锌棒。

(4)硫酸镉。

2. 试剂配制

(1)亚铁氰化钾溶液(106 g/L):称取 106.0 g 亚铁氰化钾,用水溶解,并稀释至 1 000 mL。

(2)乙酸锌溶液(220 g/L):称取 220.0 g 乙酸锌,先加 30 mL 冰醋酸溶解,再用水稀释至 1 000 mL。

(3)饱和硼砂溶液(50 g/L):称取 5.0 g 硼酸钠,溶于 100 mL 热水中,冷却后备用。

(4)氨缓冲溶液(pH 9.6~9.7):量取 30 mL 盐酸,加 100 mL 水,混匀后加 65 mL 氨水,再加水稀释至 1 000 mL,混匀。调节 pH 至 9.6~9.7。

(5)氨缓冲液的稀释液:量取 50 mL 氨缓冲溶液,加水稀释至 500 mL,混匀。

(6)盐酸(0.1 mol/L):量取 5 mL 盐酸,用水稀释至 600 mL。

(7)对氨基苯磺酸溶液(4 g/L):称取 0.4 g 对氨基苯磺酸,溶于 100 mL 20%(V/V)盐酸中,置棕色瓶中混匀,避光保存。

(8)盐酸萘乙二胺溶液(2 g/L):称取 0.2 g 盐酸萘乙二胺,溶于 100 mL 水中,混匀后,置棕色瓶中,避光保存。

3. 标准溶液配制

(1)亚硝酸钠标准溶液(200 μg/mL):准确称取 0.100 0 g 于 110~120℃下干燥至恒重的亚硝酸钠,加水溶解移入 500 mL 容量瓶中,加水稀释至刻度,混匀。

(2)亚硝酸钠标准使用液(5.0 μg/mL):临用前,吸取亚硝酸钠标准溶液 5.00 mL,置于 200 mL 容量瓶中,加水稀释至刻度。

(3)硝酸钠标准溶液(200 μg/mL,以亚硝酸钠计):准确称取 0.123 2 g 于 110~120℃下干燥至恒重的硝酸钠,加水溶解,移于入 500 mL 容量瓶中,并稀释至刻度。

(4)硝酸钠标准使用液(5 μg/mL):临用前,吸取硝酸钠标准溶液 2.50 mL,置于 100 mL 容量瓶中,加水稀释至刻度。

(三)仪器和设备

(1)天平:感量为 0.1 mg 和 1 mg。

(2)组织捣碎机。

(3)超声波清洗器。

(4)恒温干燥箱。

(5)分光光度计。

(6)镉柱。

(四)操作步骤

1.样品处理

称取 5 g(精确至 0.01 g)制成匀浆的试样(如制备过程中加水,应按加水量折算),置于 50 mL 烧杯中,加 12.5 mL 饱和硼砂溶液,搅拌均匀;以 70℃ 左右的水约 300 mL 将试样洗入 500 mL 容量瓶中,于沸水浴中加热 15 min;取出置冷水浴中冷却,并放置至室温。

在容量瓶中加入 5 mL 亚铁氰化钾溶液,摇匀,再加入 5 mL 乙酸锌溶液,以沉淀蛋白质。加水至刻度,摇匀,放置 30 min,除去上层脂肪,上清液用滤纸过滤,弃去初滤液 30 mL,滤液备用。

2.测定

(1)亚硝酸盐的测定。吸取 40.0 mL 上述滤液于 50 mL 带塞比色管中,另吸取 0.00 mL、0.20 mL、0.40 mL、0.60 mL、0.80 mL、1.00 mL、1.50 mL、2.00 mL、2.50 mL 亚硝酸钠标准使用液(相当于 0.0 μg、1.0 μg、2.0 μg、3.0 μg、4.0 μg、5.0 μg、7.5 μg、10.0 μg、12.5 g 亚硝酸钠),分别置于 50 mL 带塞比色管中。于标准管与试样管中分别加入 2 mL 对氨基苯磺酸溶液,混匀,静置 3～5 min 后各加入 1 mL 盐酸萘乙二胺溶液,加水至刻度,混匀,静置 15 min。用 2 cm 比色杯,以零管调节零点,于波长 538 nm 处测吸光度,绘制标准曲线比较。同时做试剂空白。

(2)硝酸盐的测定。

①镉柱还原:先以 25 mL 稀氨缓冲液冲洗镉柱,流速控制在 3～5 mL/min(以滴定管代替的可控制在 2～3 mL/min)。吸取 20 mL 滤液于 50 mL 烧杯中,加 5 mL 氨缓冲溶液,混合后注入贮液漏斗,使之流经镉柱还原,以原烧杯收集流出液,当贮液漏斗中的样液流尽后,再加 5 mL 水置换柱内留存的样液。将全部收集液如前再经镉柱还原一次,第二次流出液收集于 100 mL 容量瓶中,继以水流经镉柱洗涤 3 次,每次 20 mL,洗液一并收集于同一容量瓶中,加水至刻度,混匀。

②亚硝酸钠总量的测定:吸取 10～20 mL 还原后的样液于 50 mL 比色管中。以下按"亚硝酸盐的测定"中自"吸取 0.00 mL、0.20 mL、0.40 mL、0.60 mL、0.80 mL、1.00 mL……"起依法操作。

(五)计算

1. 亚硝酸盐的结果计算

$$X_1 = \frac{A_1 \times 1\,000}{m \times \dfrac{V_1}{V_0} \times 1\,000}$$

式中：X_1——试样中亚硝酸钠的含量，mg/kg；

A_1——测定用样液中亚硝酸钠的质量，μg；

m——试样质量，g；

V_1——测定用样液体积，mL；

V_0——试样处理液总体积，mL；

1 000——转换系数。

以重复性条件下获得的两次独立测定结果的算术平均值表示，结果保留两位有效数字。

2. 硝酸盐的结果计算

$$X_2 = \left(\frac{A_2 \times 1\,000}{m \times \dfrac{V_2}{V_0} \times \dfrac{V_4}{V_3} \times 1\,000} - X_1 \right) \times 1.232$$

式中：X_2——试样中硝酸钠的含量，mg/kg；

A_2——经镉粉还原后测得总亚硝酸钠的质量，μg；

m——试样的质量，g；

1.232——亚硝酸钠换算成硝酸钠的系数；

V_2——测总亚硝酸钠的测定用样液体积，mL；

V_0——试样处理液总体积，mL；

V_3——经镉柱还原后样液总体积，mL；

V_4——经镉柱还原后样液的测定用体积，mL；

X_1——由式(4-2-1)计算出的试样中亚硝酸钠的含量，mg/kg。

以重复性条件下获得的两次独立测定结果的算术平均值表示，结果保留两位有效数字。
在重复性条件下获得的两次独立测定结果的绝对差值不得超过算术平均值的10％。

 练一练

一、如何测定火腿肠中亚硝酸盐的含量？

1. 通过查阅哪些食品安全国家标准来制订检验方案？

2.需要准备什么仪器？

序号	名称	型号规格	个数
1	分析天平		
2	组织捣碎机		
3	分光光度计		
4	⋮		
5			
6			
7			
8			
9			
10			

3.需要准备什么药品？

序号	药品名称	纯度	克数/g
1	亚铁氰化钾	分析纯（AR）	
2	乙酸锌		
3	⋮		
4			

4.操作步骤：

（1）

（2）

（3）

5.数据记录及处理：

检测数据	比色管号	1	2	3	4	5	6	7	8	样1	样2
1	待测体积 V/(mL)	/	/	/	/	/	/	/	/		
2	5.0 μg/mL 亚硝酸钠标液的体积/mL	0.00	0.20	0.40	0.60	0.80	1.00	1.50	2.00	/	/
3	吸光度值(538 nm)										
4	样品的质量 m/g 或 mL										
5	计算公式										

6.计算结果及结论：

7.操作过程中需要注意什么？

（1）

（2）

（3）

（4）

提示：比色皿和分光光度计使用的注意事项……

想一想

1.漂白剂在食品加工中的作用有哪些？说明其在食品中的使用范围和最大用量。
2.二氧化硫的测定原理和操作要点是什么？

读一读

一、概述

漂白剂是能破坏、抑制食品的发色因素，使色素褪色或使食品免于褐变的添加剂，可分为还原型和氧化型两大类。常用的漂白剂主要有二氧化硫、焦亚硫酸钾、焦亚硫酸钠、亚硫酸钠、亚硫酸氢钠、低亚硫酸钠和硫黄等，它们都是亚硫酸及其盐类，是以其所产生的具有强还原性的二氧化硫来起作用的，属于还原漂白剂。还原漂白剂只有当其存在于食品中时方能发挥作用，一旦还原漂白剂消失，制品就可因空气中氧的氧化作用而再次显色。

由于漂白剂具有一定的毒性，用量过多还会破坏食品中的营养成分，故应严格控制其残留量。我国《食品安全国家标准 食品添加剂使用标准》(GB 2760—2014)中对食品中二氧化硫、亚硫酸钠等漂白剂的使用范围、最大用量做了严格的规定，具体用量见表 4-3-1。

表 4-3-1　二氧化硫、焦亚硫酸钾、焦亚硫酸钠、亚硫酸钠、亚硫酸氢、低亚硫酸钠最大限量表

食品名称	最大使用量/(g/kg)	备注
经表面处理的鲜水果	0.05	最大使用量以二氧化硫残留量计
水果干类	0.1	最大使用量以二氧化硫残留量计
蜜饯凉果	0.35	最大使用量以二氧化硫残留量计
干制蔬菜	0.2	最大使用量以二氧化硫残留量计

食品名称	最大使用量/（g/kg）	备注
干制蔬菜（仅限脱水马铃薯）	0.4	最大使用量以二氧化硫残留量计
腌渍的蔬菜	0.1	最大使用量以二氧化硫残留量计
蔬菜罐头（仅限竹笋、酸菜）	0.05	最大使用量以二氧化硫残留量计
干制的食用菌和藻类	0.05	最大使用量以二氧化硫残留量计
食用菌和藻类罐头（仅限蘑菇罐头）	0.05	最大使用量以二氧化硫残留量计
腐竹类（包括腐竹、油皮等）	0.2	最大使用量以二氧化硫残留量计
坚果与籽类罐头	0.05	最大使用量以二氧化硫残留量计
可可制品、巧克力和巧克力制品（包括代可可脂巧克力及制品）以及糖果	0.1	最大使用量以二氧化硫残留量计
生湿面制品（如面条、饺子皮、馄饨皮、烧麦皮）（仅限拉面）	0.05	最大使用量以二氧化硫残留量计
食用淀粉	0.03	最大使用量以二氧化硫残留量计
冷冻米面制品（仅限风味派）	0.05	最大使用量以二氧化硫残留量计
饼干	0.1	最大使用量以二氧化硫残留量计
白糖及白糖制品（如白砂糖、绵白糖、冰糖、方糖等）	0.1	最大使用量以二氧化硫残留量计
其他糖和糖浆［如红糖、赤砂糖、冰片糖、原糖、果糖（蔗糖来源）、糖蜜、部分转化糖、槭树糖浆等］	0.1	最大使用量以二氧化硫残留量计
淀粉糖（果糖、葡萄糖、饴糖、部分转化糖等）	0.04	最大使用量以二氧化硫残留量计
调味糖浆	0.05	最大使用量以二氧化硫残留量计
半固体复合调味料	0.05	最大使用量以二氧化硫残留量计
果蔬汁（浆）	0.05	最大使用量以二氧化硫残留量计，浓缩果蔬汁（浆）按浓缩倍数折算，固体饮料按稀释倍数增加使用量
果蔬汁（浆）类饮料	0.05	最大使用量以二氧化硫残留量计，浓缩果蔬汁（浆）按浓缩倍数折算，固体饮料按稀释倍数增加使用量
葡萄酒	0.25 g/L	甜型葡萄酒及果酒系列产品最大使用量为 0.4 g/L，最大使用量以二氧化硫残留量计
果酒	0.25 g/L	甜型葡萄酒及果酒系列产品最大使用量为 0.4 g/L，最大使用量以二氧化硫残留量计
啤酒和麦芽饮料	0.01	最大使用量以二氧化硫残留量计

二、二氧化硫的测定方法

实验中测定二氧化硫的方法有盐酸副玫瑰苯胺比色法、中和滴定法、高效液相色谱法等。我国《食品安全国家标准 食品中二氧化硫的测定》(GB 5009.34—2016)中规定,滴定法为国家标准法。

(一)原理

在密闭容器中对样品进行酸化、蒸馏,蒸馏物用乙酸铅溶液吸收。吸收后的溶液用盐酸酸化,碘标准溶液滴定,根据所消耗的碘标准溶液量计算出样品中的二氧化硫含量。

(二)试剂和材料

除非另有说明,本方法所用试剂均为分析纯,水为 GB/T 6682—2008 规定的三级水。

1. 试剂

(1)盐酸(HCl)。

(2)硫酸(H_2SO_4)。

(3)可溶性淀粉$[(C_6H_{10}O_5)_n]$。

(4)氢氧化钠(NaOH)。

(5)碳酸钠(Na_2CO_3)。

(6)乙酸铅($C_4H_6O_4Pb$)。

(7)硫代硫酸钠($Na_2S_2O_3 \cdot 5H_2O$)或无水硫代硫酸钠($Na_2S_2O_3$)。

(8)碘(I_2)。

(9)碘化钾(KI)。

2. 试剂配制

(1)盐酸溶液(1+1):量取 50 mL 盐酸,缓缓倾入 50 mL 水中,边加边搅拌。

(2)硫酸溶液(1+9):量取 10 mL 硫酸,缓缓倾入 90 mL 水中,边加边搅拌。

(3)淀粉指示液(10 g/L):称取 1 g 可溶性淀粉,用少许水调成糊状,缓缓倾 100 mL 沸水中,边加边搅拌,煮沸 2 min,放冷备用,临用现配。

(4)乙酸铅溶液(20 g/L):称取 2 g 乙酸铅,溶于少量水中并稀释至 100 mL。

3. 标准品

重铬酸钾($K_2Cr_2O_7$):优级纯,纯度$\geqslant 99\%$。

4. 标准溶液配制

(1)硫代硫酸钠标准溶液(0.1 mol/L):称取 25 g 含结晶水的硫代硫酸钠或 16 g 无水硫代硫酸钠溶于 1 000 mL 新煮沸放冷的水中,加入 0.4 g 氢氧化钠或 0.2 g 碳酸钠,摇匀,贮存于棕色瓶内,放置 2 周后过滤,用重铬酸钾标准溶液标定其准确浓度。或购买有证书的硫代硫酸钠标准溶液。

(2)碘标准溶液$[c(1/2\ I_2)=0.10\ mol/L]$:称取 13 g 碘和 35 g 碘化钾,加水约 100 mL,溶解后加入 3 滴盐酸,用水稀释至 1 000 mL,过滤后转入棕色瓶。使用前用硫代硫酸钠标准溶液标定。

(3)重铬酸钾标准溶液[$c(1/6\ K_2Cr_2O_7)=0.100\ 0\ mol/L$]：准确称取 4.903 1 g 已于 120℃±2℃电烘箱中干燥至恒重的重铬酸钾，溶于水并转移至 1 000 mL 量瓶中，定容至刻度。或购买有证书的重铬酸钾标准溶液。

(4)碘标准溶液[$c(1/2\ I_2)=0.010\ 00\ mol/L$]：将 0.100 0 mol/L 碘标准溶液用水稀释 10 倍。

(三)仪器和设备

(1)全玻璃蒸馏器：500 mL，或等效的蒸馏设备。

(2)酸式滴定管：25 mL 或 50 mL。

(3)剪切式粉碎机。

(4)碘量瓶：500 mL。

(四)分析步骤

1.样品制备

果脯、干菜、米粉类、粉条和食用菌适当剪成小块，再用剪切式粉碎机剪碎，搅均匀，备用。

2.样品蒸馏

称取 5 g 均匀样品(精确至 0.001 g，取样量可视含量高低而定)，液体样品可直接吸取 5.00～10.00 mL 样品，置于蒸馏烧瓶中。加入 250 mL 水，装上冷凝装置，冷凝管下端插入预先备有 25 mL 乙酸铅吸收液的碘量瓶的液面下，然后在蒸馏瓶中加入 10 mL 盐酸溶液，立即盖塞，加热蒸馏。当蒸馏液约 200 mL 时，使冷凝管下端离开液面，再蒸馏 1 min。用少量蒸馏水冲洗插入乙酸铅溶液的装置部分。同时做空白试验。

3.滴定

向取下的碘量瓶中依次加入 10 mL 盐酸、1 mL 淀粉指示液，摇匀之后用碘标准溶液滴定至溶液颜色变蓝且 30 s 内不褪色为止，记录消耗的碘标准滴定溶液体积。

(五)计算

$$X=\frac{(V-V_0)\times 0.032\times c\times 1\ 000}{m}$$

式中：X——试样中的二氧化硫总含量(以 SO_2 计)，g/kg 或 g/L；

$\quad\quad V$——滴定样品所用的碘标准溶液体积，mL；

$\quad\quad V_0$——空白试验所用的碘标准溶液体积，mL；

$\quad\quad 0.032$——1 mL 碘标准溶液[$c(1/2\ I_2)=1.0\ mol/L$]相当于二氧化硫的质量，g；

$\quad\quad c$——碘标准溶液浓度，mol/L；

$\quad\quad m$——试样质量或体积，g 或 mL。

计算结果以重复性条件下获得的两次独立测定结果的算术平均值表示，当二氧化硫含量≥1 g/kg(L)时，结果保留三位有效数字；当二氧化硫含量＜1 g/kg(L)时，结果保留两位有效数字。

在重复性条件下获得的两次独立测试结果的绝对差值不得超过算术平均值的 10%。

答一答

一、思考题

1.食品添加剂按其来源分可分为几种？分别是什么？

2.测定食品中的亚硝酸盐和硝酸盐可查阅哪些国家标准？

3.试述发色剂的概念,并说明发色的原理是什么。

4.试述分光光度计测定亚硝酸盐的原理及操作要点。

5.亚铁氰化钾和乙酸锌在样品处理中起什么作用？

6.苯甲酸和山梨酸的使用限量是多少？

7.我国经常使用的食品漂白剂有哪几种？

二、填空题

1.亚硝酸盐在食品工业中常用作（　　　），与食盐并用可增加抑菌作用,对（　　　）有特殊的抑制作用。

2.硝酸盐和亚硝酸盐添加在肉制品中后转化为亚硝酸,亚硝酸盐易分解出亚硝基（—NO）,生成的亚硝基会很快与（　　　）反应生成亮红色的亚硝基肌红蛋白,使肉制品呈现（　　　）色。

3.分光光度法测定亚硝酸盐的原理是:在（　　　）条件下,亚硝酸盐与（　　　）重氮化后,再与（　　　）偶合形成（　　　）染料。

4.（　　　）是能破坏、抑制食品的发色因素,使色素褪色或使食品免于褐变的添加剂,可分为（　　　）和（　　　）两大类。

5.常用的漂白剂主要有二氧化硫、（　　　）、（　　　）、（　　　）、亚硫酸氢钠、低亚硫酸钠和硫黄等。

6.（　　　）是具有杀灭或抑制微生物增殖作用的一类物质的总称。

三、简答题

1.盐酸萘乙二胺法测定亚硝酸盐的原理是什么？

2.我国经常使用的食品发色剂有哪些？

3.镉柱法测定硝酸盐时,如何防止镉柱被氧化？

4.苯甲酸及其钠盐在食品中的应用及作用机理是什么？

5.常用的漂白剂有哪些？

参考文献

[1] 刘丹赤. 食品理化检验技术[M]. 3 版. 大连:大连理工大学出版社,2018.

[2] 丁兴华. 食品检验工[M]. 北京:机械工业出版社,2006.

[3] 张妍. 食品安全检测技术[M]. 北京:中国农业大学出版社,2013.

[4] 朱丽梅,张美霞. 农产品安全检测技术[M]. 上海:上海交通大学出版社,2012.